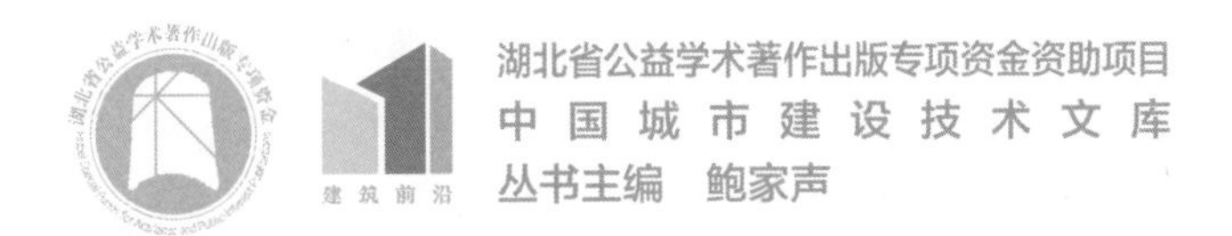

湖北省公益学术著作出版专项资金资助项目
中 国 城 市 建 设 技 术 文 库
丛书主编　鲍家声

Comprehensive Utilization of Aboveground and Underground Space in Preservation and Renewal of Urban Historic Areas

城市历史地区保护更新中的地上地下空间综合利用

许熙巍　著

華中科技大學出版社
http://press.hust.edu.cn
中国 · 武汉

图书在版编目（CIP）数据

城市历史地区保护更新中的地上地下空间综合利用 /许熙巍著. —武汉：华中科技大学出版社，2023.5
（中国城市建设技术文库）
ISBN 978-7-5680-8960-9

Ⅰ. ①城… Ⅱ. ①许… Ⅲ. ①城市空间－空间利用－研究－中国 Ⅳ. ①TU984.2

中国国家版本馆CIP数据核字（2023）第010731号

城市历史地区保护更新中的地上地下空间综合利用　　许熙巍　著
Chengshi Lishi Diqu Baohu Gengxin Zhong de Dishang-Dixia Kongjian Zonghe Liyong

出版发行：华中科技大学出版社（中国·武汉）　电话：（027）81321913
地　　址：武汉市东湖新技术开发区华工科技园　邮编：430223

策划编辑：贺　晴　封面设计：王　娜
责任编辑：贺　晴　责任监印：朱　玢

印　　刷：湖北金港彩印有限公司
开　　本：710 mm×1000 mm　1/16
印　　张：14
字　　数：226千字
版　　次：2023年5月第1版 第1次印刷
定　　价：98.00元

投稿邮箱：heq@hustp.com
本书若有印装质量问题，请向出版社营销中心调换
全国免费服务热线：400-6679-118 竭诚为您服务

“中国城市建设技术文库”丛书编委会

作者简介

许熙巍，天津大学建筑学院城乡规划系主任、副教授、博士生导师，自然资源部陆海统筹关键带国土空间规划与治理工程技术创新中心副主任，中国城市规划学会城乡治理与政策研究学术委员会委员，中国城市科学研究会韧性城市专业委员会、可再生能源与碳中和建筑专业委员会委员，中国城乡规划行业网编委，天津市城市规划学会理事，天津市城市科学研究会理事。近年来，主持国家自然科学基金项目2项、参与国家级及省部级科研项目多项，主持规划实践项目20余项，发表学术论文50余篇，出版专著和规划教材2部，作为主持人或主要参与人获高等学校科学研究优秀成果奖1项、省部级优秀规划设计奖和论文奖7项。主要研究方向为城乡历史文化遗产的保护与更新、低碳与韧性的城市和社区规划、城市地下空间开发建设等。

目 录

1 绪 论

1991 年在东京召开的“城市地下空间国际学术会议”提出，21 世纪是人类地下空间开发利用的世纪，并通过了《东京宣言》，宣言明确了地下空间作为自然资源对城市可持续发展的贡献，以及以多种利用方式开发地下空间并面向公众提供服务能够保护城市环境景观，使城市更加便利和舒适。历史地区是承载城市历史文化、建筑遗产、历史环境的核心地区，地上的土地利用空间有限，存在建筑密度高、交通易拥堵、环境恶劣与设施条件差等问题。随着现代化的发展，一些历史地区的原真性逐渐消失，面临着保护与发展的矛盾。地下空间的利用可以为历史地区扩容提质，通过对地下空间进行科学的、技术的、适应性的开发和整体化的利用，可以缓和历史地区保护与发展之间的矛盾。

1.1 历史地区地上地下空间综合利用的意义

1.1.1 促进历史地区扩容提质

作为保护和利用历史文化的核心空间，历史地区是城市文脉传承的重要载体，是城市历史记忆的缩影，是文化遗产的聚集之地，是居民生活空间的沉淀，也是城市特色的集中体现。截至 2021 年底，全国 1200 余个历史文化街区中，有约四分之一的街区位于省会城市及直辖市，且多数位于城区的核心地段，土地价值与区位优势明显。历史地区地上空间具有建筑密度高、道路网密度高、历史建筑遗址丰富的特点，可发展的空间容量有限。在城市化存量发展时期，集约的土地利用与高强度的土地开发成为发展趋势，土地需要承载更复杂的功能。在保护与发展两种需求的推动下，地下空间成为宝贵的、新型的空间资源，可以兼顾遗产保护与功能拓展的空间需求。在城市历史地区适当开发地下空间，将大大增加历史地区的空间容量，缓解区域内的交通与人流压力，满足人们对现代化生活功能的空间要求；合理优化历史地区的地上空间，组织紧凑、集约、精细的历史地区立体空间，已经成为完善历史地区新增城市功能、扩充空间容量的重要途径。

21 世纪，我国进入高质量发展理念指导下的城市更新时代，历史建筑和传统街巷的文化氛围浓厚，但街区环境情况复杂，与其他地区相比，品质提升与更新的困难多，实施难，进度相对滞后。城市中心产生的人口集中、职能聚合效应又互相影响，传统的老城区有限的空间容量成为掣肘中心区域发展的困难之一；老旧的传统民居年久失修或空间尺度受限，导致居住品质差，难以满足现代居民的居住舒适的要求；历史文化街区的窄细路网容易引发交通拥堵，难以满足居民的交通出行需求，同时停车设施的缺乏也导致了历史文化街区内部停车空间紧张；街区内基础设施落后，基础设施与居民日益增长的美好生活品质需求之间存在矛盾。因此，通过对地下空间的适宜性利用，将满足人们生活需求的设施更新并移至地下，可为地上历史空间资源重组创造更好的条件，以提升地上空间的环境质量；还可通过结合轨道交通站点对地下空间进行综合开发利用，以营造更加舒适、宜居的生活环境，创造更加宽敞、便捷的交通环境，打造承载力更强、吸引力更高的旅游环境，为历史街区城市更新的发展提供思路。

1.1.2 丰富空间整体利用方式

历史地区地下空间可以被广泛地用于地下防灾、地下居住、物流仓储、地下公共服务设施、地下市政设施、地下交通设施等方面的城市功能。欧洲、日本等国家和地区在高速发展阶段已经对地下空间进行了高强度、大规模的开发利用，以实现城市功能多元化的目标，满足城市居民对高品质城市空间的要求。

随着城市土地利用的集约发展，城市地下空间的发展经历了从平面到立体、从二维到三维、从简单联系到复杂连通、从物质空间到物质与非物质空间的整体利用、从简单功能到复杂功能的过程。从地下空间交通、商业等功能的简单结合，到地下空间与地上空间的历史文化、环境等结合，地下空间功能的混合多样化，以及功能空间承载、建筑组合的复杂化都反映了城市地下空间整体利用的趋势。相较于城市一般地区，历史地区的保护要求和空间功能更为复杂。历史地区现存文物古迹等文化遗产较多，其种类、数量、保护等级不一，部分地区还存有地下遗存，具有更复杂的历史文化特性。同时历史地区还承载了与旅游相关的交通组织、商业服务等功能。因此，地下空间在历史地区的利用需要兼具更多的特殊功能，形成多样化的地上地下空间整体利用。

与地面空间相比，地下空间包含岩石、土壤、地下水等介质，具有湿度、温度稳定，空间封闭，安全性强，防灾性能强等特点，这些特点对文化遗产的保存十分有利，因此地下空间也可用于文物储存或博物馆等特殊功能。同时，统筹考虑地上地下空间功能的布局，根据地下空间的浅层、中层、深层与地面的连接关系，合理布局步行、商业、市政、交通等功能，与地上的文化遗产、历史景观、旅游服务等空间功能配合，整体形成联动与互补的功能。这种多样化的、灵活的功能利用方式，可以将城市的历史文化特色融入功能布局中。

另外，历史地区的地下空间的建设还要充分考虑地上历史建筑的材料和质量，以及地下的文化遗存的分布情况，这使得历史地区的地下空间具有更加敏感的特性，增加了规划和开发的难度和成本，也将促进精细化地下空间开发、掘进和保护技术的进步。

1.1.3 缓和保护与发展的矛盾

近年来，对历史文化的保护始终坚持原有性、完整性、延续性的原则，随着对传统文化复兴的重视，人们对历史城市、历史地区、历史建筑、文物古迹等保护的要求不断提高，保护范围从对文物保护、单体建筑的保护，到对历史街区、历史风貌区的保护，再拓展到对城市历史景观、历史环境的整体性保护；从对物质实体的保护，拓展到对文化氛围、活力气息、精神凝聚等方面的综合保护。这也导致城市历史保护与发展之间的矛盾日益突出，主要体现在保护工作与经济发展之间、历史认知与当代解读之间、传统风貌与现代建设之间等方面。近年来，上述矛盾导致文化遗产产生了大量不可挽回的损失，大拆大建的建设手段破坏了许多历史建筑与遗迹，不充分的文化解读造成了一系列“保护性破坏”，部分传统历史风貌环境逐渐消失在现代城市建设中。而部分发展滞后、环境较差、设施落后的历史地区阻碍了城市现代化进程，影响了居民的生活品质。

地下空间的利用，可以扩充历史地区的容量，为遗产保护提供更多的发展空间，不仅响应了不断扩大保护范围的新要求，同时提升了环境品质，创造了良好的生活环境、旅游环境、服务环境、文化环境与景观环境，满足了人们对文化氛围、生活气息、活的遗产的追求。地上地下空间的整体性开发与功能布局，高效的土地利用，土地经济价值的提升，地下现代商业的创新，设施服务、娱乐休闲功能的融入，使历史地区成为新的经济空间，同时满足了地区经济发展、旅游发展的要求。因此，地下空间可以很好地缓和历史地区保护与发展之间的矛盾，达成文化效益、经济效益的双赢。

1.2 相关概念解读

1.2.1 历史文化街区

历史文化街区的概念源于《中华人民共和国文物保护法》第十四条：“保存文物特别丰富并且具有重大历史价值或者革命纪念意义的城市，由国务院核定公布为历史文化名城。保存文物特别丰富并且具有重大历史价值或者革命纪念意义的城镇、街道、村庄，由省、自治区、直辖市人民政府核定公布为历史文化街区、村镇，并报国务院备案。”历史文化街区在各地区又有不同的衍生定义，如上海的历史文化风貌区、天津的历史风貌建筑区、南京的近现代建筑风貌区、广州的历史文化风貌区等。虽然各地区、各领域对历史街区的定义还存在争议，但都强调“历史遗存”“历史风貌”“社会结构”“功能延续”的概念。

历史文化街区是我国历史文化名城保护体系的重要组成部分，历史文化名城、历史文化街区及文物保护单位共同构成了保护体系的宏观、中观、微观层面。随着实践与理论的不断发展，以单纯法治化的城市历史保护措施难以较好地协调城市历史保护与经济社会发展之间的矛盾，大量有价值的非保护类历史街区在快速的城市化进程中被湮没在钢筋混凝土的森林之下，部分城市记忆迅速消失。以城市非保护类街区为代表的历史街区又开始受到关注。历史街区与历史文化街区的概念范围、法定地位均不同，两者经常交叉使用，在城市规划与历史保护的实践中，也会出现以一般历史街区作为历史文化街区进行保护和不认定重要历史街区为历史文化街区的情况。现将历史文化街区相关概念梳理如下（表 1-1）。

表 1-1　历史文化街区相关概念梳理表

国内 / 国外	提出时间	概念	核心内容
国外	1933 年	Historic Areas	《雅典宪章》首次提出“受保护的古建筑所处的场地”及周边环境
	1976 年	Historic Areas	《关于历史地区的保护及其当代作用的建议》（《内罗毕建议》）成为国际遗产保护领域中观层面的核心概念
	1987 年	Urban Historic Areas	由《华盛顿宪章》提出，被纳入城市保护范围的中观层面。这一概念为统一的专用名词
国内	1986 年	历史地段	保留遗存丰富，并且能够比较完整、真实地反映一定历史时期的传统风貌或民族、地方特色，或存有一定规模的文物古迹、近现代史迹和历史建筑的地区
	1986 年	历史文化保护区	由“Historic Areas”内化形成，由北京率先使用，是历史文化街区的前身
	1994 年	历史街区	《历史文化名城保护规划编制要求》正式提出“历史街区”概念。“历史街区保护国际研讨会”使“历史街区”概念在学术界广为采用
	2002 年	历史文化街区	《中华人民共和国文物保护法》正式提出“历史文化街区”的概念
	2005 年		《历史文化名城保护规划规范》（GB 50357—2005）* 将“历史文化街区”作为我国名城保护的中观层次

来源：作者自绘。

* 该标准已于 2019 年 4 月 1 日废止。

1933 年《雅典宪章》中提到的“Historic Areas”一词是概念的起源。“Historic Areas”可被理解为受保护的建筑所处的场地及其周边环境。此后 1976 年通过的《关于历史地区的保护及其当代作用的建议》中，再次提到“Historic Areas”这一国际遗产保护领域中观层面的核心概念。1987 年，《华盛顿宪章》中提出了“Urban Historic Areas”的概念，并提出应确保历史城镇和历史地区作为一个整体和谐发展。

1986 年我国首次提出“历史文化保护区”的概念，这一概念是由“Historic Areas”演化形成的。历史文化保护区是指文物古迹比较集中，或能较为完整地体现某一历史时期传统风貌和民族地方特色的街区，建筑群、小镇、村落等也应给予保护。

1994 年，“历史街区”这一概念在《历史文化名城保护规划编制要求》中被正式提出。1996 年，在“历史街区保护国际研讨会”中沿用了“历史街区”，从此这一概念在学术界被广为采用。2002 年我国修订的《中华人民共和国文物保护法》中首次提到“历史文化街区”这一遗产保护体系中观层面的概念具有法律效力，并用这一概念取代了“历史文化保护区”。

2005 年的《历史文化名城保护规划规范》将“历史文化街区”作为我国名城保护的中观层次。该规范还正式定义了“历史地段”这一概念，历史地段是指文物古迹比较集中、连片或能较为完整地体现某一历史时期的风貌或民族特色的地区，或存有成一定规模的文物古迹、近现代史迹和历史建筑的地区，这一概念与国际上的“Urban Historic Areas”概念相对应。关于历史文化街区概念演变过程，如表 1-2 所示。

表 1-2　历史文化街区概念演变过程

时间	概念名称	文件	对象	意义
1985	历史文化保护区	《西南三省名城调研情况报告》	不够名城条件，但布局很好的有历史文化遗存的地方	首次提出，是历史文化名城保护的延续，顺应了保护需求
1986	历史文化保护区	《关于请公布第二批国家历史文化名城名单的报告》	街区、建筑群、小镇、村寨	首次定义
1994	历史文化保护区	《历史文化名城保护规划编制要求》	街区、文物古迹、革命建筑集中连片区、近代建筑群	强调将其作为保护规划的重点
2002	历史文化街区	《中华人民共和国历史文物保护法》	具有重大历史价值或革命纪念意义的城镇、街道、村庄	使历史文化街区替代了历史文化保护区
2005	历史文化街区	《历史文化名城保护规划规范》	省、自治区、直 辖市核定的重点保护的历史地段	辨析确定了历史城区、历史地段等相关概念
2008	历史文化街区	《历史文化名城名镇名村保护条例》	具有一定规模区域	进一步明确历史文化街区在保护体系中的法律地位
2010	历史文化街区	《历史文化街区保护管理办法》	同上	深化历史文化街区的保护、实施、监督、管理
2014	历史文化街区	《历史文化名城名镇名村街区保护规划编制审批办法》	同上	对编制、依据、深度等进行了规定
2015	历史文化街区	《住房城乡建设部国家文物局关于公布第一批中国历史文化街区的通知》	同上	确定第一批历史文化街区名单，对历史文化街区的保护意义重大
2018	历史文化街区	《历史文化名城保护规划标准》	同上	对历史文化街区的规划重点、深度、保护界限、保护与整治提出明确要求

来源：作者自绘。

“历史文化街区”经常与“历史地段”“历史街区”“历史文化保护区”等概念混淆，其内涵与这几个概念有相似之处，但也存在差异。

2008年出台的《历史文化名城名镇名村保护条例》将历史文化街区定义为：“经省、自治区、直辖市人民政府核定公布的保存文物特别丰富、历史建筑集中成片、能够较完整和真实地体现传统格局和历史风貌，并具有一定规模的区域。”此后，关于历史文化街区的概念相对固定下来。2014年《历史文化名城名镇名村街区保护规划编制审批办法》、2015年《住房城乡建设部　国家文物局关于公布第一批中国历史文化街区的通知》，以及2017年《历史文化名城保护规划规范》中均沿用了2008年《历史文化名城名镇名村保护条例》中的概念。从概念变化中可以看出，概念对街区、建筑群、城镇、村寨等越来越具有针对性，对历史文化街区的定义也越来越重视对历史文化街区环境、文化、生活延续性等的整体性保护。

近些年来，我国学者对历史文化街区等相关概念进行了深入的探讨与辨析，初步对历史地区的概念范畴进行了界定（图1-1）。本书的研究对象历史文化街区是一个法定概念，也是传统概念中较为严谨的一个概念，需要由国家或各级政府官方认证。

1.2.2　城市地下空间

地下空间指建筑物地平面以下，可以满足人类使用功能的空间，包括地下停车场、地下商场、地下仓库、地下铁路、地下军事设施、地下矿藏区域等空间。随着人口

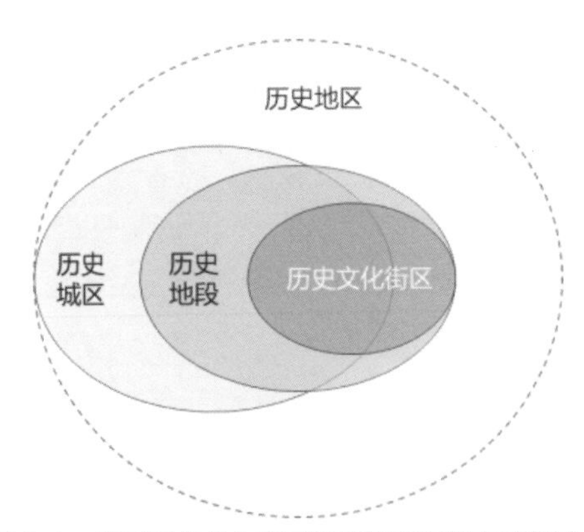

图1-1　我国历史文化街区等相关概念范畴示意图

（来源：根据李晨的《“历史文化街区”相关概念的生成、解读与辨析》改绘）

的快速增长，由土地承载的建筑空间、环境空间越来越紧张，空间容量开始制约城市的发展。针对城市空间容量的问题，很多学者拓展了地下空间开发利用的概念，国内外地下空间的实施为很多城市提供了发展的基础与动能，如深圳、北京、台北、东京等。

地下空间作为新型的国土资源，在我国正进入高速开发、规模增长时期。根据《2021中国城市地下空间发展蓝皮书》，截至2020年底，中国城市[1]地下空间累计建设24亿平方米。“十三五”期间新增地下空间建筑面积达10.7亿平方米，37个城市开通轨道交通，总里程达5,799千米，发展速度领跑世界。截至2019年，上海、北京、南京、广州、杭州、武汉等城市在中国城市地下空间发展综合实力排名中名列前茅；地下综合管廊建设已遍布全国31个省区，总计1.2万千米以上。此外，片区地下空间开发技术进步，杭州滨江区、广州万博商务区、天津于家堡金融区等发达地区地下空间开发面积均超过100万平方米[2]。1997年我国颁布《城市地下空间开发利用管理规定》，2016年住房和城乡建设部编制《城市地下空间开发利用“十三五”规划》，对合理开发城市地下空间、增强地上地下的有机联系、改善城市环境有重要意义。

城市地下空间是指城市地表以下以土壤、岩石等作为基底的可利用空间。《城市地下空间工程技术规范》将城市地下空间定义为城市规划区内，地表以下或底层内部可供人类利用的区域。地下功能、建筑、设施、综合体等概念是城市地下空间的实施过程、载体、组成或利用的形式，与城市地下空间还存在差异。关于城市地下空间的概念辨析如表1-3所示。

1 报告中除明确注明，各项统计数据均未包括香港特别行政区、澳门特别行政区和中国台湾省。

2 钱七虎 . 利用地下空间助力发展绿色建筑与绿色城市 [J]. 隧道建设（中英文）, 2019, 39（11）: 1737-1747.

表 1-3　城市地下空间的概念辨析

概念	定义	内涵	与城市地下空间的关系
城市地下空间、城市地下工程	土木工程	过程	必经途径
城市地下建筑	人工建设而非自然的建 / 构筑物	功能与空间的依托	物质组成部分与载体
城市地下设施	具有特定功能的复合系统	功能性和基础性	组成部分
城市地下综合体	功能混合的地下建筑	功能复合建筑空间	利用形式

来源：作者自绘。

1.2.3　整体利用模式

地下与地上整体利用是指地下空间开发在区域位置、空间环境、功能类型、建设规模、开发进程及建筑技术等方面与地上建筑空间环境相适应，整体协调，互补互利（朱大明，2004）。人类的基本生存空间是在地表以上，而地下空间是地上空间向地下的延伸和扩展。我国的历史文化街区由于建筑材质、结构独特等原因，对地下空间的开发较少，表现为规模小，开发程度低。在历史文化街区地下空间的开发过程中，往往出现地下空间与地上空间之间要素离散、相互关联性不强，导致地下空间未能发挥预期作用的问题。历史文化街区地下空间不仅具有相对不可逆的物理属性，而且也具有一定的文化价值，是历史文化街区整体环境的一部分。因此，应当认识到开发先后顺序对地下空间的影响，充分尊重历史文化街区的现有地下空间，摒弃“地下是地上的补充”的思想，以历史文化街区保护优先为原则，对历史文化街区地上空间及历史文化街区周边空间进行整合利用。关于历史文化街区整体利用模式示意图如图 1-2 所示。

历史文化街区地上地下空间整体利用模式一般包括空间功能要素、平面形态要素、立体连通要素（表 1-4）。分析历史文化街区地上地下空间的特性，以及历史文化街区地下空间开发的限制条件，将历史文化街区地上地下空间的点、线、面形态分布和功能设置相互对应、相互联系，并处理好上下部分空间的连接问题，以形成结构合理、交通便捷、有机整体的城市空间网络，能够最大限度地发挥城市空间的集约、整体效益（王文卿，2000），达到有效增强城市历史地区整体功能、改善环

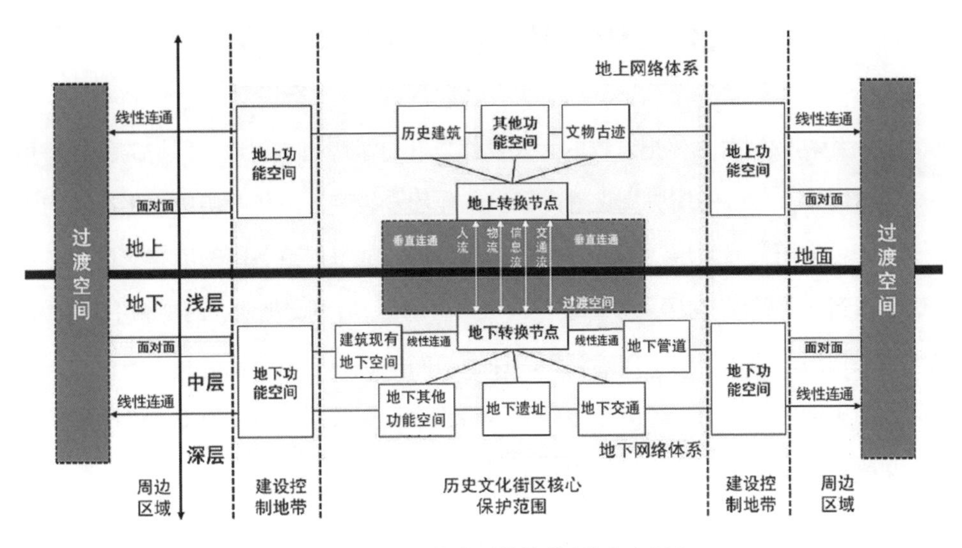

图 1-2　历史文化街区整体利用模式示意图

（来源：作者自绘）

境的目的，并使地下空间开发项目取得最佳的社会效益、环境效益和经济效益（朱大明，2004）。

表 1-4　整体利用模式要素及其作用

要素分类	主要内容	关系作用
空间功能要素	居住、交通、公共服务、商业、仓储物流、文化展览、市政配套	地下空间功能是地上空间功能的延续
平面形态要素	点状要素：换乘节点、出入口等 线状要素：线状交通、商业街及市政管线、综合管廊等 面状要素：大型建筑、多栋建筑组合形成的占地面积较大的空间	城市地下空间的开发形态是功能布局的外在形式
立体连通要素	物理连通：垂直电梯、螺旋式的停车坡道等 视线连通：景观、视线等通廊 隐式连通：采光、方向等关联	连接地上地下空间形态与功能，共同构成整体利用模式体系

来源：作者自绘。

1.3 历史地区保护的发展历程

20 世纪初欧洲对单体纪念物的大规模修复开启了历史文化遗产保护的征程。相较于西方国家，中国的历史文化遗产保护工作起步较晚，近代对历史文化遗产的关注源于考古学研究的发展。第二次世界大战以后，战争导致各国的历史文化遗产及其环境遭到严重破坏，在国际宪章及各国法律推动下，历史文化遗产的内涵不断扩大，对历史文化遗产的保护由单体建筑物的保护转向片状的历史建筑群及大面积的历史街区、历史地区的保护。经历长达百余年的理论与实践探索后，历史地区的保护逐步走向成熟，形成了多层次、系统化的保护体系。

1.3.1 1900—1930 年："文物"的维护与修复

欧洲对历史地区保护的理论与实践开始较早。在 18 世纪末期，历史建筑的保护与修复工作便在欧洲开始受到重视。随着工业革命的兴起，一批古建筑及环境遭到破坏，这样不可逆转的损失促使欧洲在 19 世纪中期后便将历史建筑保护工作向系统化、科学化、现代化方向转变。在此时期，与历史文化遗产相关的基本概念、理论和原则逐渐形成。19 世纪末 20 世纪初，现代意义上的文物古迹保护开始由各国通过立法确定。随后，1913 年英国制定了《古建筑加固和改善法》，法国颁布了《历史古迹法》保护历史建筑。20 世纪 30 年代，文物保护开始重点关注古建筑的古代遗存；1930 年法国的《风景名胜地保护法》首次将具有艺术、历史、科学、传奇及画境特色的地点列入文物保护对象的范畴。

我国历史地区的保护研究起源于 20 世纪 20 年代，由北京大学的学者牵头成立了考古学研究所及考古学会，奠定了我国文物实体保护与研究的基础。在此时期，梁思成、朱启钤、刘敦桢等学者共同组建的营造学社进行了系统而详细的中国古建筑调查与理论研究，为后续古建保护提供了翔实的基础资料。

1.3.2 1930—1980 年：以立法的方式保护大范围历史遗迹

从 20 世纪 30 年代开始，人们对现代主义思潮与历史遗产保护进行了深层次的探索，将对历史文化遗产的保护由文物保护向历史街区、历史地段保护拓展，保护范围从单体建筑扩大到建筑群、风景区，以及成片的历史街区、历史保护区。意大利、英国、瑞士等国家对历史遗产的保护范畴从建筑单体扩大到建筑群体，并初步形成历史城镇、历史街区保护等法规（李勤，2007），以1962年法国颁布的《马尔罗法》为例，它强调将有历史文化价值的历史街区划定为“历史保护区”，并对历史街区地下空间制定保护和继续使用的规划，将其纳入城市规划的管理范畴（高畅，2012）。《马尔罗法》规定历史保护区内的传统建筑不得随意损毁拆除，在符合要求的情况下国家会对传统建筑的修整予以相应资助，政府也会提供若干免税政策。这种规定为大规模历史文化遗产保护提供了资金与法律支持。与此同时，具有现代意义的历史文化遗迹的保护在全球不同国家都得到了实践，并且宪章和国家法律为文物保护工作提供了支持和保障，如1964年《威尼斯宪章》（徐雁飞等，2011）首次提出要在利用中保护文物建筑周围的地段，即历史地段；1976年《内罗毕建议》首次提出要考虑各种因素，基于保护、新建提出历史地区的保护内容，包括应该保护历史街区在社会、历史和日常生活中的价值，以及应该在历史街区保护工作的立法、技术、经济等方面采取的措施。这标志着历史街区的保护开始和城市规划协同发展（张启成，2009）。

我国早在战争年代，就由中国共产党组织了古建筑保护工作，根据梁思成先生主持、编写的全国重要古建筑名录，对战场沿线的古建筑给予保护。然而在长期战乱的情况下，国家无暇顾及历史地区保护的问题。因此，1949年后的城市发展延续了传统的建设模式，对历史街区的保护意识相对淡薄，对古典建筑亟待抢救的意识也不强烈。

1.3.3 1980—1996年：整体性保护的提出

1987年《华盛顿宪章》（林源等，2016）为历史城镇和城区的保护增加了实质内容，同时也强调了将公众参与纳入保护过程的重要性。宪章明确提出了保护范围应从孤立的历史建筑、文化古迹及其周边地区扩大到更全面的历史环境，如历史地段、历史城镇和历史城区。此后，世界范围内对历史文化遗产的保护开始转向对历史建筑及其周边建筑、景观环境的更新改造，如英国对古城巴斯、切斯特和约克的保护就是以整个古城为单位进行整体性保护，其中古城巴斯整体风貌与古城地图如图1-3

图 1-3　英国古城巴斯整体风貌与古城地图

（来源：作者自摄）

所示。同时英国在文物古迹集中的地区设立大量的历史保护区[1]，强调文物保护的重要性，以古城片区为单位进行整体保护，以体现特色价值，内容包括文物建筑的修缮、历史环境的保护，并将对居民生活条件的改善纳入考量范畴，使历史文化遗产保护与经济发展有机结合，最终取得了良好的效果。

1982 年，我国第一次提出了历史文化名城概念并公布了首批 24 个国家级历史文化名城。与此同时，在保护内容上首次提到“传统风貌”是历史文化名城保护的重要内容，在古城中能体现传统风貌的地区应该作为“历史地段”予以保护。随后又提出历史街区的概念并立法，这标志着我国历史地区的保护由点状文物要素向面状文物要素的转变。1986 年国务院在公布第二批国家级历史文化名城时，正式提出了保护历史小城镇、历史街区、历史地段的概念。还指出对“文物古迹比较集中，或能较完整地体现出某一历史时期的传统风貌和民族地方的特色的街区、建筑群、小镇、村落等，也应予以保护”（张春艳，2004）。随着我国遗产保护工作的不断深入，历史文化遗产的类型与体系构建也在不断完善。在借鉴国际有关遗产保护经验的基础上，我国政府也开始将历史文化名镇、名村纳入遗产保护范围。1996 年在安徽省黄山市屯溪召开的历史街区保护国际研讨会中明确指出，“历史街区保护已成为保护历史文化遗产的重要一环”（叶如棠，1996）。这些历史文化遗产概念的划分能明确历史地区保护范围，从而限制无序的现代化开发。

1　历史保护区指有特殊的建筑艺术和历史特征的地区。

在大量的历史地区保护利用实践过程中，世界各国明确了改善历史地区居民生活环境需要注重营造活力氛围。我国以北京、苏州等城市为首在历史地区探索适合本地特色的保护途径，并取得了初步的成效，如北京菊儿胡同，自 1987 年起，吴良镛教授带领清华大学建筑学院的师生在此进行新四合院危房改造的试验工程。到 1994 年末，在拆除的 1.255 公顷的用地上建成了两期共两万余平方米的拥有 13 个新四合院院落建筑的建筑群。菊儿胡同的改造设计采用新四合院模式，较好地维持了原有的胡同-院落体系，并保留了单元楼和四合院的优点。新中式的院落形成相对独立的邻里结构，为居民提供了交往的公共空间，可见菊儿胡同的改造既实现了较高的容积率，又满足了居民对现代生活的需要。

1.3.4 2002 年至今：保护与管理体系完善

2002 年我国修订了《中华人民共和国文物保护法》，并正式将历史街区列入不可移动文物范畴，规定明确了将保存文物特别丰富并且具有重大历史价值或者革命纪念意义的城镇、街道、村庄，由省、自治区、直辖市人民政府核定公布为历史文化街区、村镇，并报国务院备案。截至 2022 年，国务院公布了 141 座国家历史文化名城，划定历史文化街区 1200 余片，确定历史建筑 5.95 万处。同时，经过大量的研究与实践，我国历史地区的保护已从建筑单体扩大到周围的历史文化环境，如 2005 年《北京历史文化名城保护条例》将历史文化名城、历史文化街区、文物保护单位三个尺度的保护对象并列，这标志着我国建立起了多维度的法治化城市历史保护体系；同年《西安宣言》将周边环境对遗产和古迹的重要性提升到了一个新的高度。历史地区的保护与规划从单纯的物质环境改造规划转为将社会、经济发展和物质环境改造规划相结合的综合人居环境的发展规划（高畅，2012）。

在该阶段，一些国家历史地区保护理论方法较为成熟。伴随着大量实践，很多国家成立了遗产保护相关组织，推动多方力量参与历史地区的保护与日常运营，如法国政府在维修历史建筑方面每年投入近 3 亿欧元，还成立了文化遗产基金会，赋予其可以收购濒危建筑物的权力。

1.4 历史地区地下空间发展历程

人类对地下空间的利用最早可以追溯到史前时代原始人类对天然洞穴或地穴的使用（邵继中，2015）。这种原始的地下空间利用方式一直延续到了公元前3000年。随着时代的变化、人类社会的发展和科学技术的不断进步，地下空间逐渐被人们认知并进行了一系列开发利用。由表1-5可知，大规模的地下空间开发始于城市中心地段，这些区域的很大一部分是具有历史文化层积的历史地区。特别是在大规模城市化时期，城市中心的历史地区往往不能通过地面扩张的方式达到建筑面积扩大的目的，而用地紧张与用地需求之间的矛盾日益凸显，为了更好地保护历史地区的文化遗产，开发利用地下空间成为解决该问题的重要方法。

表1-5　地下空间开发利用历程

时代时期	时间范围	地下空间的主要用途	代表案例
远古	人类出现至公元前3000年	防风雨，躲避寒暑及灾害的洞穴	中国周口店龙骨山洞穴遗址、法国拉斯科洞穴
古代	公元前3000年至5世纪	地下陵墓、地下水利工程	古巴比伦河隧道、中国秦始皇陵及兵马俑坑
中世纪	5世纪至14世纪	地下资源开采、地下粮仓、文化石窟	湖北大冶铜绿山古铜矿遗址、隋朝洛阳地下粮仓、敦煌石窟
工业革命与两次世界大战	14世纪至20世纪	地下市政工程、地下军事防御、地下交通、地下仓储	伦敦地下道、伦敦地铁
城市化建设	20世纪至今	地下商业、地下空间综合开发	蒙特利尔地下城、北京东方广场

来源：作者自绘。

1.4.1 1845—1931年：技术发展引领地下铁路、地下街开发

第一次工业革命之后，西方城市化水平不断提高，在此时期落后的城市市政基础设施无法满足城市发展的需求，因此城市加大了对城市供水、排水等市政设施的建设，也由此开始了近代城市的地下空间开发利用。1845年英国人查尔斯·皮尔逊第一次提出“地下火车”的概念。英国1863年第一条地铁的建成，标志着世界性的地下空间建设热潮的开始。1904年，美国纽约首条地铁线开始运行，通过地下交通连接地铁站点，将人流转向地下，获得了大量地面公共空间。1910—1913年，宾夕

法尼亚车站（旧）与大中央车站相继落成，直至 1920 年，两座车站每天承载近 40 万的客运量（谭峥，2019）。

伴随着地铁的大规模开发，一些地下街也涌现出来。由于地铁开发与运营需要大量的资金，围绕地铁站建设地下商业街能够利用地铁带来的人流创造更多的经济价值，平衡地下开发的收支，如 20 世纪 30 年代，日本先后在东京上野、须田町和日本桥等地下铁路站点内开设了地下商店等。这些地下铁路与地下街相对集中在日本最发达的城市地区，也说明地下空间的建设要以雄厚的经济实力为基础。

1.4.2　1931—1960 年：地下防灾避难等军事开发增多

第二次世界大战期间，各参战国的地面工业厂房和民用建筑都遭到了大量破坏，而建造在隧道、溶洞和矿井内的地下工厂、仓库、军事设施等则幸免于难。因此各国掀起了地下空间防空备战的建设热潮，如 1940 年英国皇家空军对柏林的突袭，迫使希特勒建造公共防空洞以保护德国城市居民，并计划为 92 个城市的 3,500 万平民建造 6,000 个地下防弹掩体（图 1-4）。战后，很多国家仍保持防灾避难的发展思路，逐步将一些重要的工业和军事工程转入地下并建设大量战平两用的地下民防工程，如在 20 世纪 50 年代美国矿务局开始将 1936 年挖掘的试验性矿井扩建成坚固掩蔽部和指挥所。经过多年的改造、加固，这里已成为国家地下军事指挥中心。一旦受到核袭击，美国高级官员就可以立即转移到这里，发布包括核报复和战后重建在内的各种命令（房苏杭等，2017）。

图 1-4　地下防弹掩体

（来源：http://www.360doc.com/content/21/0916/06/57809118_995685815.shtml）

1.4.3 1960—1980 年：地下基础设施规模化建设

到了 20 世纪 60 年代，世界进入政局稳定、经济快速发展的黄金时期。在石油危机出现及可持续发展等环保理念提出后，为符合可持续发展的要求，世界各国提出要对地下空间开发进行科学评估，在分层开发的同时，还要进行综合利用（吴建勇，2016）。同时，地下空间基础设施的类型与体系不断完善，为城市地上地下空间的可持续发展提供了必要的基础条件。瑞典斯德哥尔摩在 20 世纪 60 年代为实现城市集中供热，在地下建造了一条 120 千米长的大型供热隧道。这一地下供热系统解决了城市中很多地区的供热问题，它还利用地下空间试验开发蓄热库，以储存工业余热和太阳能，为推动能源可持续发展创造有利条件。同时期，日本经济高速发展，带动了地下空间的规模性扩张。除了东京、大阪之外，名古屋、横滨、神户、京都、札幌等大都市也开始大规模建设地下铁路、地下街。京都御池通地下街剖面图如图 1-5 所示，札幌站前通地下步行空间平面图如图 1-6 所示。据统计，2020 年，日本地下街的总面积为 120 万平方米，其中 20 世纪 60 至 80 年代，短短 20 年时间，地下街的面积从无到有，增加了 80 万平方米[1]。

我国历史地区地下空间在 20 世纪 60 至 80 年代进入起步阶段。随着 20 世纪 70 年代初“深挖洞、广积粮、备战备荒为人民”指导思想在全国推行，在城市中对人

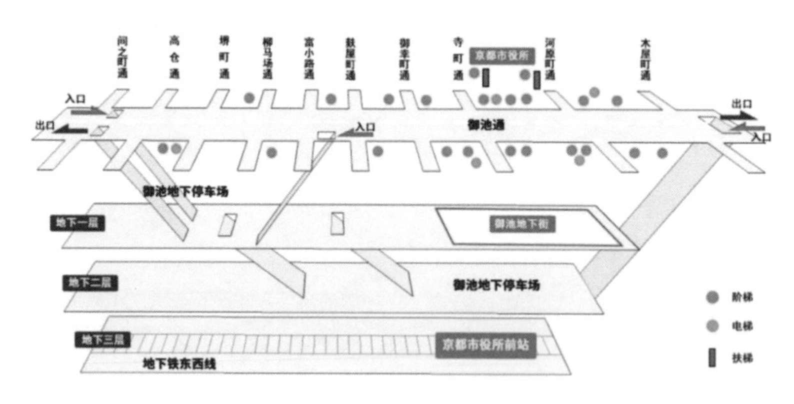

图 1-5 京都御池通地下街剖面图

（来源：作者自绘）

---

1 廣井悠，地下街減災研究会 . 知られざる地下街 [M]. 河出書房新社，2018.

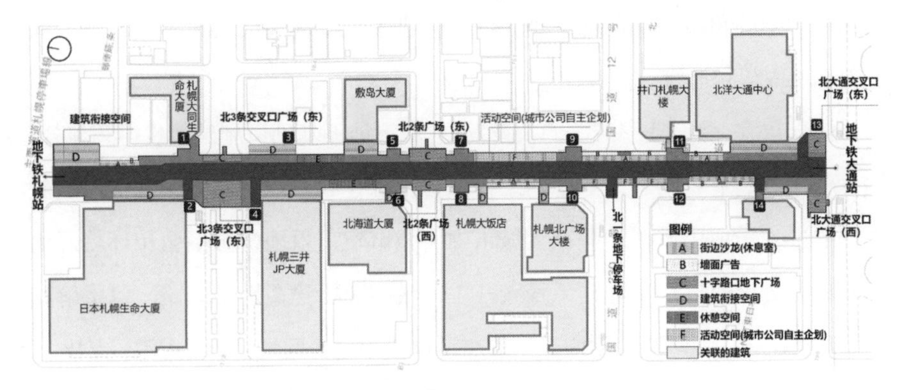

图 1-6　札幌站前通地下步行空间平面图

（来源：作者自绘）

民防空洞进行了较为广泛的建设。1978 年第三次全国人民防空工作会议明确提出“平战结合”的人防建设方针，但这一时期的城市地下空间利用仅局限于人防建设，历史地区地下空间以文物埋藏、仓储、人防为主，规模小、数量少。早期人防工程当中除必须结合地面建设的地铁项目外，纳入城市建设总体规划中的较少，这导致城市人防总体规划与城市建设的总体规划不吻合，并且受限于财力和设计水平，由人防工程所形成的城市地下空间在绝大多数城市没有形成完整的网络，是分散的、不成体系的（王敏，2006）。

1.4.4　1980—2000 年：开发地下空间系统以保护地上资源环境

1983 年，联合国经济与社会理事会自然资源委员会讨论了地下空间作为资源的可能性，明确指出城市地下空间的首要问题不是空间协调，而是具体的资源需求应被视为实质需要进行处理[1]。随后欧洲国家城市历史地区进行了大量立体化开发，将多种类型的地下空间综合开发，形成规模大、业态丰富、水平–垂直空间布局较为复杂的地下综合体。地下综合体的开发把市中心的许多功能转入地下，而在地面实行步行化，并充分绿化。这时期的典型案例包括法国巴黎卢浮宫的扩建工程、巴黎市中心区的列 • 阿莱地区再开发等（Labbe，2004）。这些地下空间的开发不仅扩大了

1 VÄHÄAHO I. Underground space planning in Helsinki [DB/OL]. Journal of Rock Mechanics and Geotechnical Engineering, 2014. 6（5）: 387-398.

人类的生活空间和城市的功能空间，而且促进了城市环境的美化，使地下空间与历史文化环境取得和谐统一。

1980年以来,随着我国经济的快速发展,城市地下基础设施建设也得到显著发展。地铁、轻轨、地下商场等地下空间工程项目相继在大型历史城市中建设。随着城市化进程的进一步加快，在一些特大城市中，城市建设用地资源紧张和环境恶化等城市问题日益突出。自北京地铁 1 号线开工，我国开始建造地下铁路，以缓解城市地面生态环境恶化、人口密度剧增导致的交通供给不足等问题。随后香港、天津、上海、广州、南京等城市相继在历史中心地区开设地下铁路，地铁成为历史文化街区地下空间的又一主要使用功能。同时，地下车库在国内城市得到了迅速的发展，为解决城市静态交通问题提供了有效途径。1997 年，我国正式颁布《城市地下空间开发利用管理规定》，这意味着我国将进入全面开发地下空间的时代。

1.4.5　2000 年至今：地下空间与地上空间功能三维发展

21 世纪以来，全球面临着“人口、资源、环境”多维度协调发展的难题，特别是对历史地区地下空间的开发从地下空间交通商业等功能的简单结合到地下空间与地上的历史文化、环境等结合，功能的混合多样化及功能空间承载、建筑组合的复杂化，都反映了城市地上地下空间整体利用的趋势。美国在进行学校、图书馆、办公、工业等建筑建设与改造时，注重对地下空间与地上空间的整体利用，如美国明尼阿波利斯市南部商业中心的地下公共图书馆，哈佛大学、加州大学伯克利分校、密歇根大学、伊利诺伊大学等开设的地下、半地下图书馆，较好地利用地下特性满足了阅读需求，同时又保证了与原馆的联系，保存了城市与校园的原有面貌，为地面创造了更多开敞空间。在地下空间开发深度方面，2000 年日本正式颁布了《大深度地下公共使用特别措施法》，地下更深层次的开发意味着地下空间建设在原来的基础上不断更新、叠加、深入，变得更复杂、多元。

在此阶段，我国的城市地下空间开发利用在规划编制指导下，进入了更加科学合理的新时期。2001 年，建设部（今住房和城乡建设部）修订的《城市地下空间开发利用管理规定》，对指导和促进城市地下空间的有序开发利用和科学管理起到了十分重要的作用（郑怀德，2012）。随后我国部分大城市研究制定了实施细则，编制了城市地下空间开发利用规划，制定了配套的政策法规。城市各种地下公共设施和人防设施的大量兴建，使我国在规划设计、维护管理等方面都取得了新进展，为大规模有序高效地开发利用城市历史地区地下空间资源奠定了基础（童林旭，2005）。同时，大规模商业建筑渐渐出现在历史文化街区周边，地下商铺大规模出现在历史文化街区中。此时对地下文物的就地展示技术也发展成熟，原本封闭的地下空间逐渐对外开放。然而在城市总体规划的编制过程中，缺失了对历史街区地下空间的统一规定，如西安市在其 2008—2020 年的城市总体规划中虽然强调以历史文化名城整体保护为核心，但尚未将历史街区地下空间部分纳入城市总体规划。

当前，城市历史地区地下空间开发利用已取得初步成果，然而随着城市环境的恶化，城市规模的过度蔓延，为了满足更加生态化的发展要求，科学开发，形成与地面建筑相结合的地下人流、物流公共空间体系，构建城市综合防灾体系，将是历史地区地下空间开发不断探索的方向。

2

国外历史地区地下空间开发利用的实践

2.1 英国伦敦

2.1.1 以基础设施建设为开端的地下空间开发

英国是世界上较早进行地下空间大规模综合开发利用的国家之一，开发最初的形式是以建筑附属物为主的地下空间利用。由于英国气候寒冷，英国城市的绝大部分住宅都设有地下室或者地窖，以方便物资储藏。同时，战争使得地下防空洞在很长一段时间内成为伦敦市民寻求庇护的场所，这也让伦敦市民对地下空间产生安全的感知。

英国大规模地下空间开发始于建设地铁，伴随工业革命时期火车的兴起，伦敦城区内火车站遍布各处，但火车站缺乏联络线，地面道路交通繁忙拥塞。1845 年，英国人查尔斯 · 皮尔逊关注到了这些城市问题，因而突发奇想地提出了“地下火车”的概念。1863 年，世界上第一条地铁在伦敦建成通车（图 2-1）。

伴随着地铁的开发，轨道交通的客流孕育了巨大的商机，提升了地下空间的商业价值。大规模市政管廊、轨道交通及城市道路等基础设施也从地面转向地下开发，为城市带来了更多的综合效益，地下空间随即成为城市活动开展的新场所，地下商业中心、地下停车场等都陆续出现。

英国没有关于地下空间规划与管理的单独的法律法规，对地下空间开发的有关规定分散在不同的法律法规中（杨滔等，2014）。在伦敦，财产所有权遵循古老的定义“Cuiusest solum，eius est usque ad coelom et ad infernos”，即“任何拥有一片土地者拥有该土地上至天堂下至地底深处的全部”。随着伦敦地下空间开发的增多，

图 2-1　世界上第一条地铁实景图

（来源：https://www.sohu.com/a/118093884_355397）

其周边土地价格上涨引发了很多实际问题，包括高房价、功能紊乱、空间拥挤等，因此英国对地下空间开发推出了严格的管理规定（Department for Communities and Local Government，National Planning Policy Framework）。由于地下空间开发利用的目的和地方的差异性，为了使各种专项法规、标准、细则等有更强的针对性与指导价值，2011 年英国议会提出了《地下开发利用议案》（*Subterranean Development Bill*），以规范地下空间开发利用的管理和施工，并整合不同法规中与地下空间开发利用相关的内容。英国将地下工程分为一般性地下工程、重大基础设施和地下交通设施，其中一般性地下工程地方规划部分（图 2-2）需要考虑历史环境保护、环境安

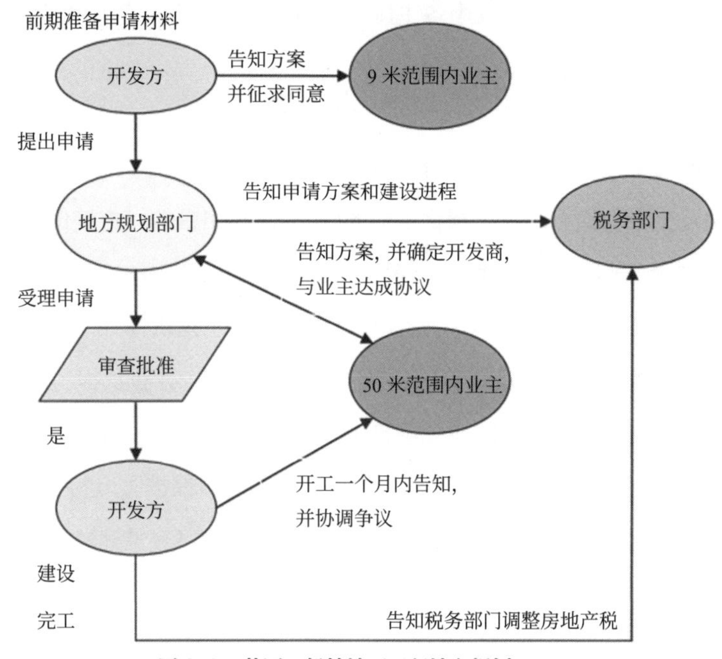

图 2-2　英国一般性地下工程地方规划

（来源：杨滔，赵星烁．英国地下空间规划管理经验借鉴 [C]// 城乡治理与规划改革——2014 中国城市规划年会论文集．中国城市规划学会．北京：中国建筑工业出版社，2014）

全性与可持续性、地标景观设计等要素。

针对不同类型的项目分别确立了不同的审批主体、程序、要件等，各地方政府或地方规划部门更进一步做出了适合本地区的详细规定，如伦敦市的肯辛顿和切尔西区的地下空间规划对许可过程进行简化，便民利民。同时，针对地下空间项目的可实施性，政府强化投资收益、土地升值、税收等方面的可行性与科学性，制定了

一系列包含社会经济技术要求的清单检查制度，方便老百姓和管理机构明确要做的事项。详细的规定既方便开发者提出需求，也极大地减少了地下空间开发者与周边业主的矛盾。

考虑到地下工程对周边业主和民众的影响，英国在地下工程的规划管理过程中十分重视方案和有关信息的公开、相关业主的意见征求和公众利益的维护。特别是对于重大基础设施建设，根据《规划和强制性收购法》（2004 年）、《2008 规划法案》，英国公共部门或政府可以根据公众需要，强制性收购私人地下空间，并根据当时的市值给予赔偿，因此国家重要的地下大型基础设施等往往属于国家所有，或其使用权根据公私合作的协议由各主体各自的部分，以保证公共利益。

2.1.2 英国历史文化遗产保护发展历程

英国的历史文化遗产保护工作开展较早，历史文化遗产保护制度与城乡规划法的演变相互交融。最早的保护制度可追溯到 1882 年出台的《古迹保护法》，该法在 20 世纪初被修正与扩展。1913 年出台《古建筑加固和改善法》，以完善古迹保护的法律框架。1932 年、1944 年对《城乡规划法》进行了两次修订，将法定保护范围扩展至古迹以外的具有特定建筑历史或艺术价值的建筑，并首次提出在国家层面建立“登录建筑制度”。保护区的概念源自 1967 年颁布的《城市宜人环境法》，该法规定可“对风貌特征突出的地区通过划定保护区实施整体保护”。进入 20 世纪 90 年代，英国将历史文化遗产保护从城乡规划法中分离并形成了《登录建筑和保护区规划法》（严宇亮等，2014）。

英国的立法体系以国家立法为核心，实行单一体系的行政管理制度。地方政府的职责是执行、解释法律条文，并为公众提供规划指南、保护与建设活动的咨询，同时通过制定本地区的规划及法规性文件对国家立法做有限的补充和深化。英国的国家环境保护部和地方规划部门分别为中央政府和地方政府的历史文化遗产保护行政机构，分别负责有关法规政策的制定落实及日常管理。英国历史文化遗产保护行政主管机构体系示意图如图 2-3 所示。另一个重要特色是民间组织积极参与历史文化遗产保护，在一定程度上介入历史文化遗产的法律保护程序，强化了公众参与。其中最重要的五大民间保护组织是由环境保护部所规定的，包括古迹协会、不列颠

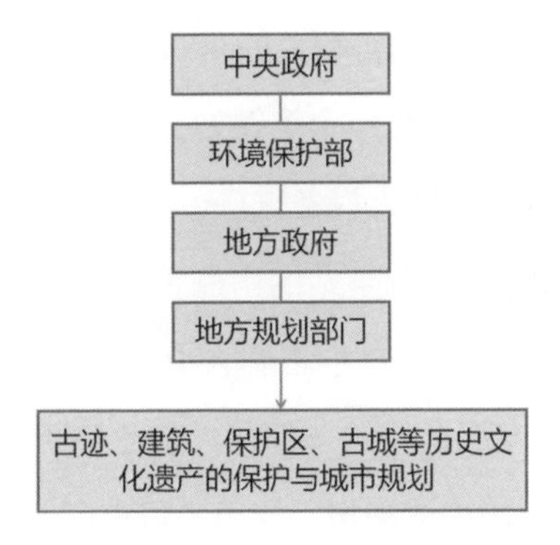

图 2-3　英国历史文化遗产保护行政主管机构体系示意图

（来源：作者自绘）

考古委员会、古建筑保护协会、乔治小组和维多利亚协会。

2.1.3　伦敦地铁的更新改造

国际工业遗产保护委员会（TICCIH）将铁路遗产纳入工业遗产类别，铁路遗产在英国历史文化遗产中占有十分重要的地位，是英国历史地区地下空间开发利用的主要类型之一。伦敦地铁是世界上历史最悠久的地铁系统，经过百余年的地下铁路建设，伦敦市区很多地铁站因为老旧或新旧站点过近而陆续有 750 多处的隧道和站台被弃用。2009 年，原巴克莱银行主管陈伯斯注意到这些废旧地铁站台的利用价值，提出要发掘长期埋没于伦敦地下的公共资产。为了使这些城市空间得以发挥作用，在负责管理的伦敦交通局同意下，许多民间团队和公司对这些闲置空间进行改造，加入新元素，使其成为综合性的地下文化商业中心，重新焕发了城市公共空间的活力。

其中，一部分废旧地铁站完好保存了 20 世纪 30 年代的建筑风格，为电影拍摄和艺术创作提供了天然的布景，《哈利·波特》（图 2-4）、《纳尼亚传奇》和《神探夏洛克》等电影都曾借助伦敦废旧地铁站进行电影布景拍摄。此外，屋顶电影团队计划重新启用部分隧道已不再使用的滑铁卢地铁站和 1999 年关闭的查灵十字车站站台，用其放映电影。伦敦地铁公司开放了在第二次世界大战期间曾为 17 万人提供防空庇护的奥德维奇地铁站，并通过地铁艺术画作和场景复现等方式将废弃的地铁站改造成为第二次世界大战纪念馆，让参观的人们沉浸式体验第二次世界大战时期伦敦居民在这里躲避德军轰炸，赋予地铁站更多历史意义。

1863 年建成、运行至今的较为有特色的车站，包括国王十字站与贝克街站。国王十字站作为国王十字火车站的第一个地铁站开启于 1863 年，1987 年失火被毁。这场大火的发生促使伦敦地铁对防火设备进行了全面的更新，对防火措施大幅改进，后来在车站更新改造中保留了原有车站的南侧主立面及棚架（图 2-5）。贝克街地铁站的站台入口通道的墙上钉着一个广告牌大小的铜质铭牌，上面写着“此站台是 1863 年世界上第一条地铁大都会线的一部分，特此证明”（图 2-6）。贝克街站站台座椅的上方都是记录伦敦历史的海报，绘出了贝克街地铁站在 1863 年刚启用时的情景，这里就像伦敦地铁历史博物馆一样。

图 2-4　国王十字站《哈利·波特》9¾ 站台取景地

（来源：https://www.mafengwo.cn/gonglve/ziyouxing/94814.html ）

图 2-5　国王十字站保留了原有车站的南侧主立面及棚架

（来源：田璐瑶，宁雅萱，尹豪．英国铁路遗产景观发展历程与保护利用策略 [J]. 工业建筑，2021, 51（9）：222-229）

图 2-6　贝克街地铁站站台入口铜质铭牌

（来源：巨怡雯．伦敦地铁站房特色及其对西安地铁建设的启示研究 [D]. 西安：西安建筑科技大学，2016）

2015 年，为了减轻伦敦城市每年增长 10 万人的空间负担，伦敦启动了地下空间再利用方案“地下伦敦”计划，将伦敦地铁废弃的皮卡迪利线的霍本至奥德维奇路段、绿园至查灵十字路段改造成自行车道（图 2-7），疏散人流，缓解大城市交通拥堵。同时计划在地下街道两边设置店铺进行招商，将其发展成为地下商业街，为自行车道增添活力。

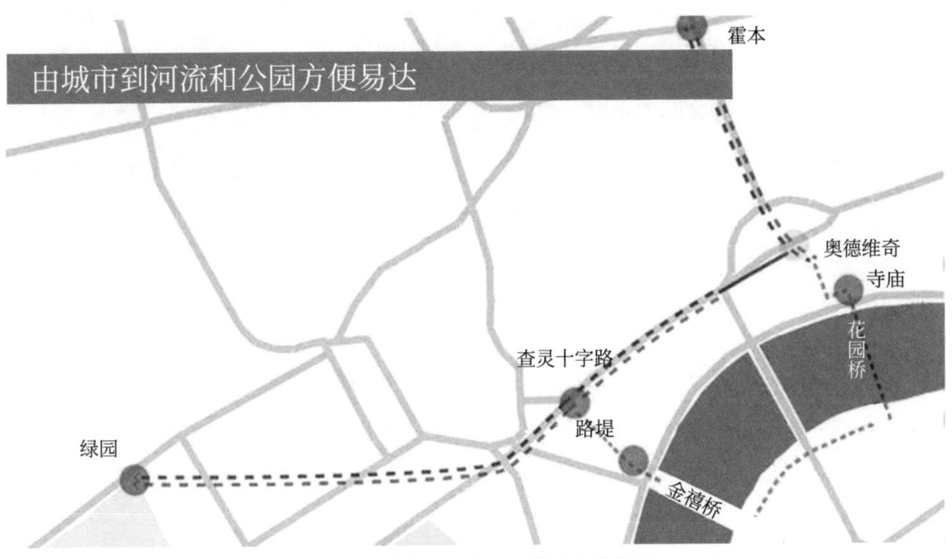

图 2-7　伦敦地铁自行车道改造位置图

（来源：www.architectmagazine.com）

2.1.4　伦敦金丝雀码头的再开发

道克兰（Dockland）码头区位于东伦敦泰晤士河下游，金丝雀码头位于道克兰码头区的道格斯岛，道格斯岛为东、西、南三面环水的半岛，泰晤士河在此由北向南呈“U”字形转弯。道克兰码头区拥有悠久的历史，自 19 世纪初至 1980 年都是繁荣的贸易、工业码头，有着浓厚的码头文化，伦敦市民对此地有着深深的历史认同感。金丝雀码头的位置与连接古老的伦敦塔桥和格林尼治地区的空间轴线相重合，经过城市更新后的金丝雀码头地区成为伦敦新的金融中心。

道克兰码头区的复兴始于 1981 年，当年道克兰地区最后一个港口（皇家码头）停运，工人失业，大片土地成为无人区。为了复兴道克兰地区，政府成立了 LDDC（伦敦码头区开发公司），LDDC 为私人投资提供良好环境，同时提升道克兰地区的基础设施和服务设施质量。1985 年修建 LDDC 吸引了金丝雀码头的商业开发，对道克兰区域的复兴起到了至关重要的作用。1987 年的 DLR 轻轨及 2000 年的 Jubilee 地铁线的通车加强了道克兰码头区与伦敦市中心的交通联系。

金丝雀码头的空间要素包含建筑空间、地上开放空间、地下空间，设计整合了交通要素、自然要素和历史要素，地下空间基面分析和体系分析图如图 2-8 所示。其中码头交通要素设计充分利用了地上和地下空间，将不同性质的交通流分层，置于不同的标高，实现了交通的三维分层，并通过两个交通结合点解决地铁和轻轨的换乘问题。通过抬高北侧大部分用地的基面形成两层道路系统，两层道路通过 West Ferry 环岛联系。抬高的基面用于公共交通，下层则用于私人交通并连接各办公楼入口，停车场位于抬高基面的下方，深至地下四层，方便换乘。轨道交通同样在标高上分层，DLR 轻轨高架桥位于基面 7.5 米的上空，Jubilee 地铁线位于基面 13 ～ 22 米的地下。

金丝雀码头的地下空间具有综合化、分层化和分期化的特点，集交通换乘、基础设施、商业服务、办公和休闲娱乐等功能于一体。地下空间的形态由于建设时序

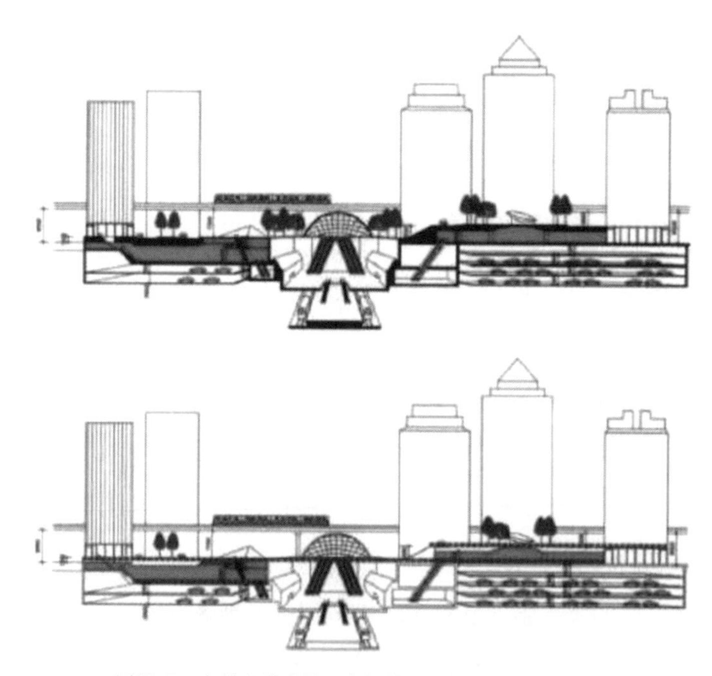

图 2-8　金丝雀码头地下空间基面分析和体系分析图

（来源：韩晶 . 伦敦金丝雀码头城市设计 [J]. 世界建筑导报，2007（2）：100–105）

和水系分割呈现为南、北两个带状的地下空间，通过功能、交通和节点的整合，将两组地下空间组织成完整的体系。通过两个巨大的玻璃室内中庭实现地上地下交互，并通过大型自动扶梯将人流自然地引向地下空间，将两个重要的交通结合点也与中庭相结合，方便人们换乘。将码头地下空间的出入口与地面公共广场、滨水下沉广场结合设置，并将地下空间体系与公共步行体系相结合。

2.2 法国巴黎

2.2.1 在法律法规保障下进行地下空间开发

法国是世界上第一个颁布法律法规建设地下空间的国家，也是最早立法对历史街区地下空间进行保护的国家，其地下空间规划的实践最早可以追溯到 1855 年，在 Haussmann 州长的领导下， 土木工程师 Belgrand 设计了足以容纳巴黎大部分公共设施的下水道。1962 年颁布的《马尔罗法》强调，将有历史文化价值的历史街区划定为“历史保护区”，并对历史街区地下空间制定保护和继续使用的规划，将其纳入城市规划的管理范畴（高畅，2012）。法国最早开启了近代城市地下空间的综合性开发，包括交通设施、市政基础设施、商业综合体、历史地区地下空间利用等板块，巴黎重要历史地区分布如图 2-9 所示。巴黎是法国的历史中心、商业中心和旅游中心，也是法国地下空间资源利用的典型代表。

2.2.2 巴黎老城区地下交通设施与管廊开发

巴黎地铁的诞生，源于 20 世纪初建筑师埃纳特（Henart）提议在道路下方布置的“技术层”。土木工程师 Bienvenue 从以前的地铁网络中吸取了精华，负责建造了巴黎地铁。地铁解决了巴黎的大众运输问题，此时巴黎地铁的地下空间占比是世界第一（徐辰，2014），巴黎市区内的地下交通如图 2-10 所示。

巴黎市区及其近郊有地铁站密集的地铁网，巴黎郊区乃至法兰西岛则有 RER 区域快铁及远郊铁路 Transilien 作补充。1896 年巴黎市政府开始正式实施地铁规划，

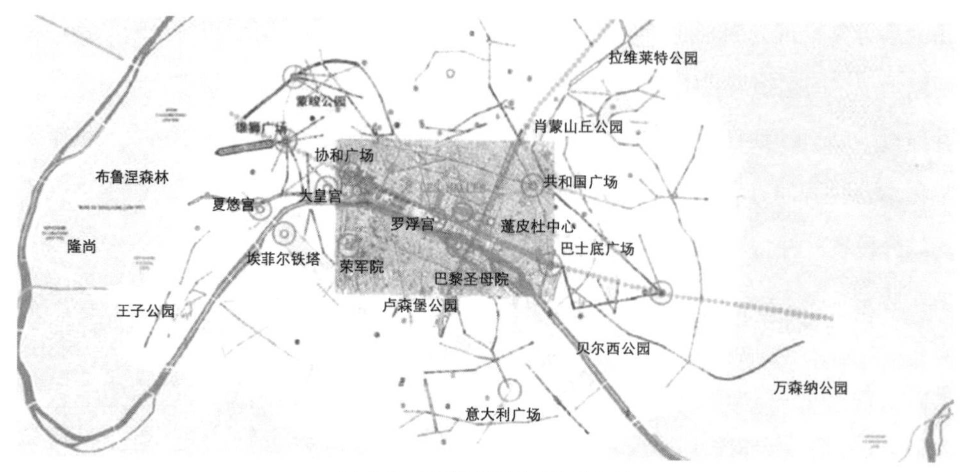

图 2-9　巴黎重要历史地区分布

（来源：张芳，周曦．从地下空间利用到地下空间整合城市——巴黎中心区 Les Halles 两次改造与启示 [J]. 现代城市研究，2014, 29（12）：29-38）

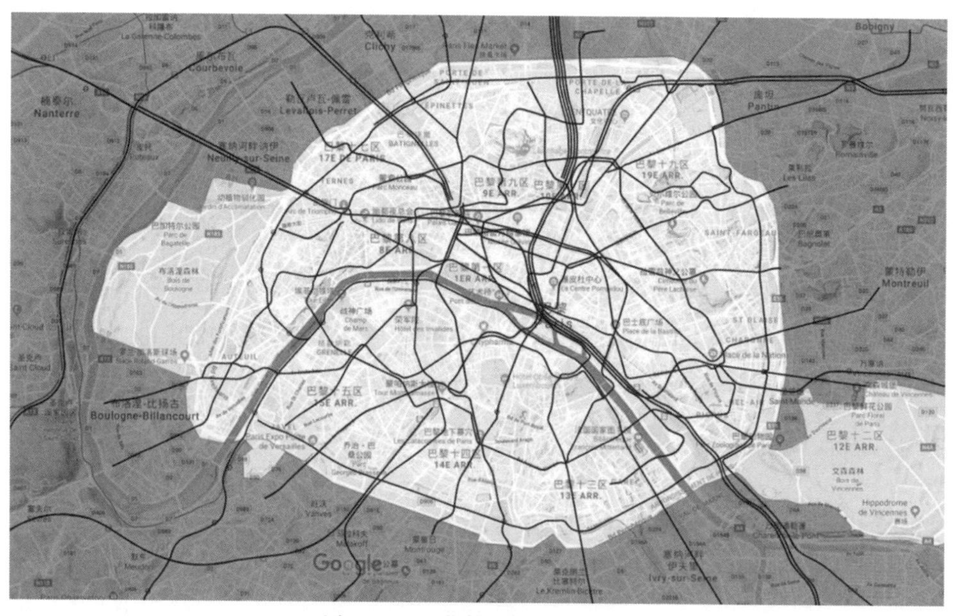

图 2-10　巴黎市区内的地下交通

（来源：作者自绘）

旨在为巴黎地区公共交通不足的地区提供服务，并加强对首都人口密度相对较低地区的服务。1900 年 7 月 19 日，巴黎地铁首条线路 Maillot-Vincennes 线在巴黎世界博览会举办期间启用。

1900—1914 年，巴黎市区地铁网络逐渐完善，第一次世界大战后的 1921 年进入地铁建设快速发展期，1930 年后地铁向巴黎郊区延伸。第二次世界大战后巴黎经济困难，地铁建设进入保守期，之后地铁运量逐渐无法满足巴黎日益增长的地下交通需求。1965—2000 年是巴黎 RER 区域快铁修建时期。1965 年巴黎的《城市规划与地区整治战略规划》提出，以郊区铁路客运线网构筑巴黎地区城市发展的骨架，修建巴黎 RER 区域快铁。

巴黎圣拉扎尔车站（Gare de Paris-Saint-Lazare）于 1837 年开始投入使用，是法国最古老的火车站，也是巴黎主要的城市枢纽、法国国铁在巴黎的七大列车始发站之一（图 2-11）。1877 年印象派画家莫奈曾创作《圣拉扎尔火车站》。该车站经历过数次的更新改造，包含了多种铁路运输服务和城市轨道交通服务，如巴黎地铁、RER 区域快铁、远郊铁路 Transilien、省际列车 TER 等，是巴黎西北部和西部远郊路网的起点，由此乘客可以乘坐各班列车来往巴黎和西北郊、西郊等地。

圣拉扎尔车站地下有相应的地铁站，还有对应的 RER 车站——奥斯曼圣拉扎尔站，该 RER 车站通过地下通道连接东南边的另一个 RER 车站——欧贝站，两个 RER 车站之间与多个地铁站通过地下通道相连，形成一个庞大的地下中转枢纽。在这个枢纽中，乘客可以转乘地铁 3、7、8、9、12、13 和 14 号线，以及 RER A 线和 RER E 线，来往于巴黎市区和郊区各地。车站地面也有对应的公交站，方便乘客乘坐各条公交线路前往巴黎市区各处。

由于若干世纪的石膏矿开采，巴黎形成了大量的地下空洞，而且在石膏地址中修建地下构筑物必须考虑可能存在未发现的天然穴。对地下空间的开发，应重视对现有空间的利用，比如将废弃的矿井洞穴再开发为地下水电站，或与城市下水道、防空设施、共同沟相结合，让废弃的空间焕发新生。法国是世界上最早使用综合管沟的国家。受到霍乱的影响，1832 年巴黎开始对城市地下管道网络进行大规模建设，创造性地将水管、电缆、空气压缩管纳入规划中，形成了最早的综合共同管。1855 年由土木工程师 Belgrand 设计了足以容纳巴黎大部分公用设施的下水道，其中巴黎

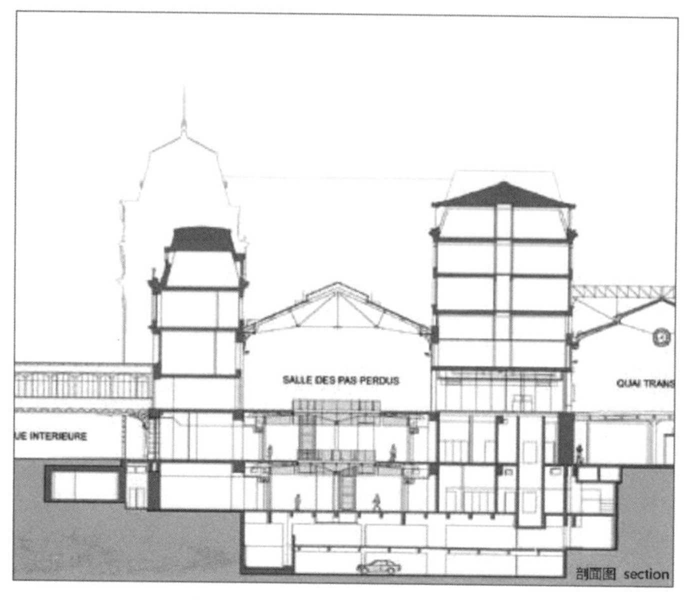

图 2-11　巴黎圣拉扎尔车站剖面图

（来源：巴黎圣拉扎尔站 法国巴黎 [J]. 世界建筑导报，2017, 32（3）: 98-101）

污水处理系统被设计为人员可以通过的隧道，并且能够整合其他的城市服务，如运输和交通等。下水道主要是沿水流的方向发展。排水道形式有 12 种标准化模式，并不是单一的。1990 年，巴黎整个地下排水网络基本形成，部分地下排水道可以进入游览。法国地下基础设施采用三段式分离方式，距离地面最近的为交通运输层，中间的为基础设施管道层，最下方的为综合设施管道。

2.2.3 历史地区地下空间综合体

法国巴黎 Les Halles 中央菜市场，是巴黎第一个地下综合体，它将历史街区从孤立单体转变为街区与街区之间地下连通的发展模式。通过地上地下的整体化空间设计，统筹地下交通换乘功能和地上地下商业服务功能。Les Halles 地区在 800 余年历史上经过四次大的改造：首次改造于 1183 年，形成了一座具有单一形式功能的地下空间交易场所；第二改造次于 1854 年，为了满足该地成为巴黎核心区的需求，对其商业功能进行了进一步升级，将其改造为钢结构农贸市场；1970 年菜场倒塌，第三次改造方案在单一商业功能的基础上，拓展了交通、娱乐、居住、会展等功能，将其改造成为地上两层、地下四层的大型商业中心，地下四层为交通空间；第四次改造在2010年，将多种功能进行整合，强化了地上地下空间的过渡，以及人与环境的互动，将其改造成为大型多功能综合体。

Les Halles实施的数次改造，充分考虑时代发展需求，以居民需求为目标导向，从系统性、长远性的角度出发，寻找解决城市开放空间不足、交通拥挤等问题的方法，如今这里成为巴黎的心脏，承担着交通枢纽和大型商业综合体的职能（张芳等，2014）。RER快铁轴线在Les Halles地区交叉，形成重要的交通枢纽。Les Halles设计了下沉式天井，在其顶部用玻璃制成通透式入口，以此来连接地面空间和地下站点；将地面出入口下沉，使其与周围步行过道、花园、观景平台和休憩空间融为一体（图2-12）；巨大的玻璃棚顶将自然光线引入，实现了外界光线和绿化与站点的交互。

巴黎卢浮宫的改造也是地下空间综合体建设的经典案例。贝聿铭在巴黎卢浮宫的改造在充分尊重地上历史建筑的前提下，利用地上地下空间打造集商业服务、交通换乘与地下停车场为一体的大型商业和文化综合体。卢浮宫地下工程在设计中较为全面地考虑了地上地下空间各种交通路线（人行、汽车、大巴）之间的连通与协作，同时创造性地将博物馆的入口作为一种标志性构筑物形成一景，是欧洲地下空间开发利用以解决城市中心历史街区改造问题的成功案例。卢浮宫金字塔为地下中央大厅提供了照明，该地下大厅是参观者进入博物馆其他部分的必经之处。博物馆

图2-12　Les Halles 地区实景图片

（来源：张芳，周曦．从地下空间利用到地下空间整合城市——巴黎中心区Les Halles两次改造与启示[J]．现代城市研究，2014，29（12）：29-38）

的地下空间还包括许多其他功能场所，如圆形剧场、艺术品研究实验室、保护区域、商店、酒吧和餐馆等，地下的对外交通依靠卢浮宫地铁站。利用卢浮宫和卡鲁塞尔凯旋门制造的广阔空间，卢浮宫管理机构综合开发了入口办公空间、卢浮宫博物馆、卡鲁塞尔购物中心、会议厅、公共停车场和物流平台，重新组织了人流和车流。行人来自街道和地铁平台，车辆从街道下穿通过，避免了对卡鲁塞尔凯旋门和杜乐丽花园的视线通廊的破坏。

2.3 新加坡：纳入国家长远发展战略

2.3.1 因地制宜的地下国土资源开发

新加坡国土资源有限，自然资源相对匮乏，经济人口发展的压力大，这使得地下空间建设成为国家发展的必然要求。特别是在 2010 年，新加坡政府提出将地下空间的发展列入新加坡长期经济发展的策略，之后地下空间的开发利用成为国家级战略。新加坡地下空间的发展经历了不同的阶段：第一阶段着重军事设施、基础设施的地下化发展；第二阶段以交通系统地下化为中心，在交通节点上进行地下综合体的建设，丰富了地下空间休闲购物、体育运动、交通停车等功能；第三阶段在第二阶段的成果基础之上，将发电厂、焚化厂、水供回收厂、垃圾埋置场、蓄水池、货仓、港口和机场后勤设施、数据中心等功能转移到地下设置（范剑才等，2016）。

根据主要地质分布情况（图 2-13）与国家发展需求，新加坡的地下空间开发利用主要分为三种类型：第一类是建筑物地下空间，包括停车场、地下商业；第二类是地下隧道，包括地铁、地下道路、基础设施；第三类是地下岩洞的开发与利用。其中，地下岩洞的储藏是新加坡相对独特的地下空间资源开发利用类型。其可行性研究工作历时多年，政府工程部门与研究机构结合各类政府部门的需求，对多个地区进行广泛考察，对不同功能类型的地下岩洞开发进行研究跟进，积极推进项目建设，最终确定地下岩洞可以储藏军火、油气、水、垃圾等各类物资，这在有限国土范围内极大扩充了储藏空间。

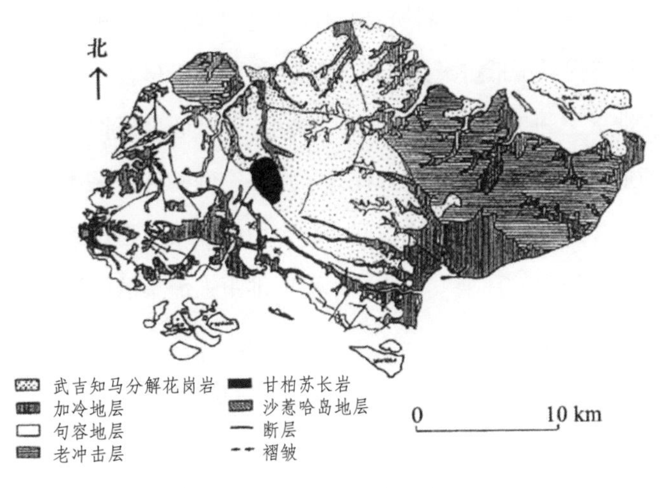

图 2-13　新加坡主要地质分布

（来源：李地元，莫秋喆．新加坡城市地下空间开发利用现状及启示[J]. 科技导报，2015, 33（6）：115-119）

2.3.2　便捷舒适的地下人行系统

新加坡常年高温多雨，且人口密度高，在这样的国情之下，从区域地下空间整体统筹考虑，建立系统化、网络化的地下空间开发模式，成为新加坡在有限的建设用地条件下拓展城市活动的主要模式。2012 年 8 月，新加坡市区颁布了《新加坡市中心区地下空间发展总体规划》，以及针对地下人行通道网络建设的《现金补助奖励计划》的修订版，明确了要建立地上和地下综合的行人通道网络，并与邻近的捷运系统（RTS）车站相连，目标是打造舒适宜人便捷的步行城市。在建设公共人行空间系统时，新加坡政府统筹主导对城市地下空间统一设计、开发建设，在空间上，装修标注采用统一风格；在城市管理上，其运营时间不受地块限制，这使新加坡的地下步行系统创造了许多社会效益。

新加坡地下人行空间系统除了与地铁站点等交通空间连通之外，其他部分大都辅以大众化的便利型、服务型商业开发，形成地下街市。商业、服务功能的植入丰富了地下人行空间的界面，同时为通行人流提供便利商业服务，商业功能的盈利也平衡了地下人行系统的运营成本。如市政厅区域的 citylink 地下人行系统，根据行人的喜好与需求分区段设置了餐饮、零售、服务等功能，这些功能与地面功能需求相结合。此外，新加坡的地下人行通道网络能够在地下直接与不同建筑地下相通，空间顺畅连接，没有明显高差，高差转换之间随处可见自动扶梯，地下人行系统便捷而舒适，为步行者提供了抵抗炎热天气的舒适室内空间环境。

为了减少地下空间带给人的单调感、方向感差及心理压抑，新加坡地下人行系统设置了不同形式的节点空间，有效提升了地下空间的环境品质。通过放大平面上的空间节点，增加人性化公共交往空间，结合地面环境营造设置垂直共享空间，使其与地面功能及室外自然环境发生联系，形成地下人流集散的活跃空间。新加坡地下贯通多层的竖向共享空间的设置（图 2-14），不仅将多层地下空间联系起来，而且将自然光线引入地下空间，增强了地下空间的区位识别性。

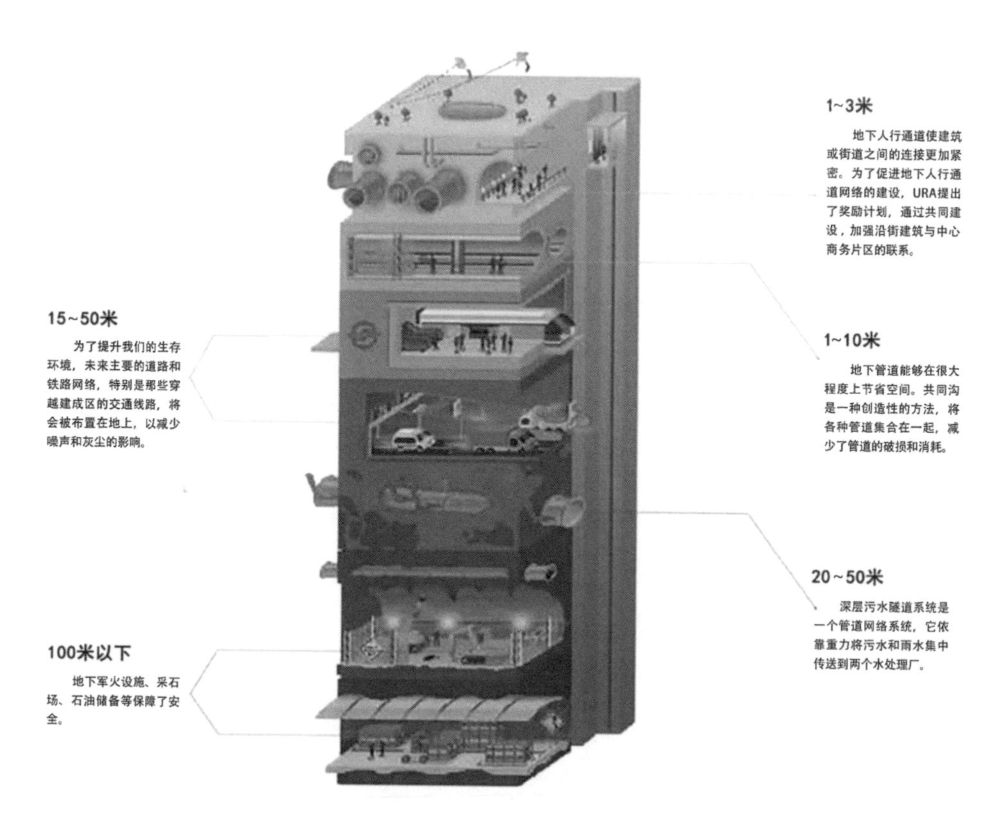

图 2-14　新加坡地下贯通多层的竖向共享空间设置

（来源：https://www.propertyguru.com.sg/property-management-news/2015/2/82848/ura-to-further-explore-utilising-underground-space）

2.3.3 将地下空间纳入国家法定规划体系

为了保证集约高效地开发利用有限的土地资源，新加坡政府通过对政治、社会及经济形势的分析，设计了一套“有目的的城市化”政策。新加坡政府拥有土地的绝对所有权，将土地管理和规划职能分开，新加坡土地管理局代表政府对全国土地进行统一管理，土地规划职能由国家发展部和新加坡重建局承担。新加坡《国家土地法》《土地所有权法》等法律中涉及的土地使用、转让、租赁等规定，均适用于地下空间。新加坡《国家土地法》规定，“地下空间”的定义为地表以下的底土，土地所有权人可以“合理且必要”使用和享受地下空间，地下空间的开发深度必须符合相关规定，最多至新加坡高度基准面的地下 30 米。

新加坡土地的精细化管理与一体化开发，体现在地上、地下土地资源的空间与时间的统一管理上，在确定土地权属时也相应地明确了地下地上空间的权利界限，表现为对地下空间开发深度、建筑物高度、使用与开发的时间等相关指标的明确。一般来说，土地所有权人可以拥有地表以下一定深度的浅层地下空间，而深层的地下空间则作为公共用途来开发和利用。

新加坡采用的是二级规划体系，分别为战略性的概念规划和实施性的总体开发规划。2010 年，新加坡经济战略委员会（ESC）首次将地下空间的开发和使用提升到战略高度。概念规划战略的转变从 1991 年的填海造地，到 2001 年的分区利用，再到 2013 年的全面加大强度和扩大地下空间。在此之后，不同层级实施性规划中涉及土地利用和地下空间开发的具体指导内容也越来越多。

例如，在市区地下步行体系的建设上，2001 年、2002 年、2004 年新加坡分别发布了有关地下人行通道网络与捷运系统（RTS）车站相连接的指导方针的通知。2012 年重新发布“新加坡市中心区地下空间发展总体规划及针对地下人行通道网络建设《现金补助奖励计划》的修订”的通知，提出核心目标——“新加坡中心将是一个具有人性化人行道的城市区域，行人可以全天候、不受阻碍地自由行走”，包含了地下人行通道建设指导的条文内容、相关规划图纸及补助奖励的具体实施细则三大主要内容（陈珺，2013）。细致而明确的奖励规定为地下空间规划实施提供了有力保障，同时促进了地下步行系统建设的互动使用，进一步实践和检验了地下空间发展总体规划的科学性。

2.3.4 历史地区的保护与利用

新加坡过去为 1819 年英国开拓的贸易基地，其城市规划的重点在贸易功能而非防御功能上。20 世纪 70 年代新加坡进行了大规模的城市更新运动后，原有的历史结构逐渐消失，旅游吸引力也逐渐下降。20 世纪 80 年代人们意识到要以保护取代开发，塑造地方特色，因此新加坡市区重建局组织了一些历史地区，诸如驳船码头（Boat Quay）和克拉码头（Clarke Quay）的复原工程。新加坡对历史建筑和历史地区制定了严格的保护导则，并要求保护活动的实施能够在经济上实现自我维持。

克拉码头位于新加坡河畔，曾是新加坡第一代移民的生活命脉和商贸中心，是过去城市制造业经济时代的缩影，分布着 5 座双层骑楼仓库。20 世纪 80 年代将其作为文化遗产进行了中产阶级化的改造，但是并不成功。2002 年进行了重新规划设计，将其定位为集购物、休闲、娱乐、文化于一体的新型城市空间，占地面积 3 公顷。这次改造大胆地将现代元素和多元色彩运用于老旧的仓库厂房中，最具特色的是克拉码头十字街内的天棚，一种名为“天使”的透明膜结构的序列伞状雨棚，配备的风扇系统可保障街道恒温 28℃。克拉码头的改造虽然更多停留在地表层面，但是其设计理念与地下街区的一些特点不谋而合，它利用膜结构与地面建筑创造了一个温度湿度较为恒定、遮阳挡雨的街道空间，提升了行人的体验舒适度，第二次改造完成后的克拉码头如图 2-15 所示。

图 2-15　第二次改造完成后的克拉码头

（来源：张天洁，李泽．世界性与本土性——新加坡克拉码头的复兴 [J]. 新建筑，2014（3）:34-39）

2.4　日本名古屋

2.4.1　历史中心区地下铁路线网络化的形成

名古屋作为日本中部核心城市，也是一座有着 500 年历史的历史城市，名古屋历史中心区面积约 1,040 公顷 [1]，也是最早开始建设地下铁的地区。在第一次世界大战之后其城市人口突破 100 万，城市中的主要交通工具“市电”（路面电车）十分拥挤，在东京、大阪地下铁建设的带动下，名古屋于 1935 年开始进行地下铁交通规

1 名古屋市都市景观条例（1984 年 3 月）。

划，但由于财政和战争的问题，直到 1957 年名古屋才修建了第一条地下铁路线。第二次世界大战中名古屋城市破坏严重，政府以战后城市复兴为契机，以 200 万人口规模为目标，重新规划了城市建设方案，将地下空间纳入规划的范畴，并于 1950 年确定了最终方案。名古屋历史中心区地下空间演变如图 2-16 所示。

1957 年，地铁 1 号线“名古屋—伏见町（今：伏见）—荣町（今：荣）”2.4 千米长的地下铁路正式运营，即今已成为东山线的一部分。同年开设的还有伏见地下街与早期荣町地下街 [图 2-16（a）]。

1960 年 1 号线从荣町延伸至池下，这一区间原计划以高架线路的形式建设，但根据当地居民的要求依然在地下建设。1965 年 2 号线（现：名城线）荣町—市役所路段开通，荣町站在锦通和久屋大通交口实现双线换乘，并扩大了原荣地下街，增建了荣中地下街和荣南地下街。1969 年 1 号线与 2 号线正式更名为东山线与名城线，荣站（1966 年由“荣町”更名为“荣”）地下增建荣东地下街，自此早期荣地下街与荣中、南、东段地下街统称为森之地下街。同年在大津通与广小路通交口新建了荣地下街，并与森之地下街连成一体 [图 2-16（b）]。

1971 年名城线延伸了市役所—大曾根路段，当时的名城线全线开通，之后 4 号线金山—大曾根路段于 1974—2004 年建设完成，与名城线的大曾根—金山路段形成环状，4 号线也于 2004 年更名为名城线，并开始运营名城环状线，原名城线金山—名古屋港路段改为名港线。1977 年鹤舞线伏见—八事路段开通，伏见站地下空间沿伏见通延长。1978 年久屋大通的樱通至锦通路段地下新建 中央公园地下街，并与南部的森之地下街连通，同年名铁濑户线荣—清水路段在地下建设，名铁是名古屋地上铁路线，并不是市营地下铁路，但在荣站均能换乘 [图 2-16（c）]。

1981 年鹤舞线净心—伏见路段开通，1989 年樱通线中村区役所—今池路段开通。樱通与伏见通交口的丸之内站有两线换乘，地下空间沿道路延长。同时樱通与久屋大通交口设久屋大通站，名城线也增设了该站点。久屋大通站地下站点与中央公园地下街连通。

自此由两个地下站点、三个地下街、四条铁路线共同组成的荣站地下空间基本完成，历史中心区内部的地下铁路线、站点、地下街也基本形成 [图 2-16（d）]。

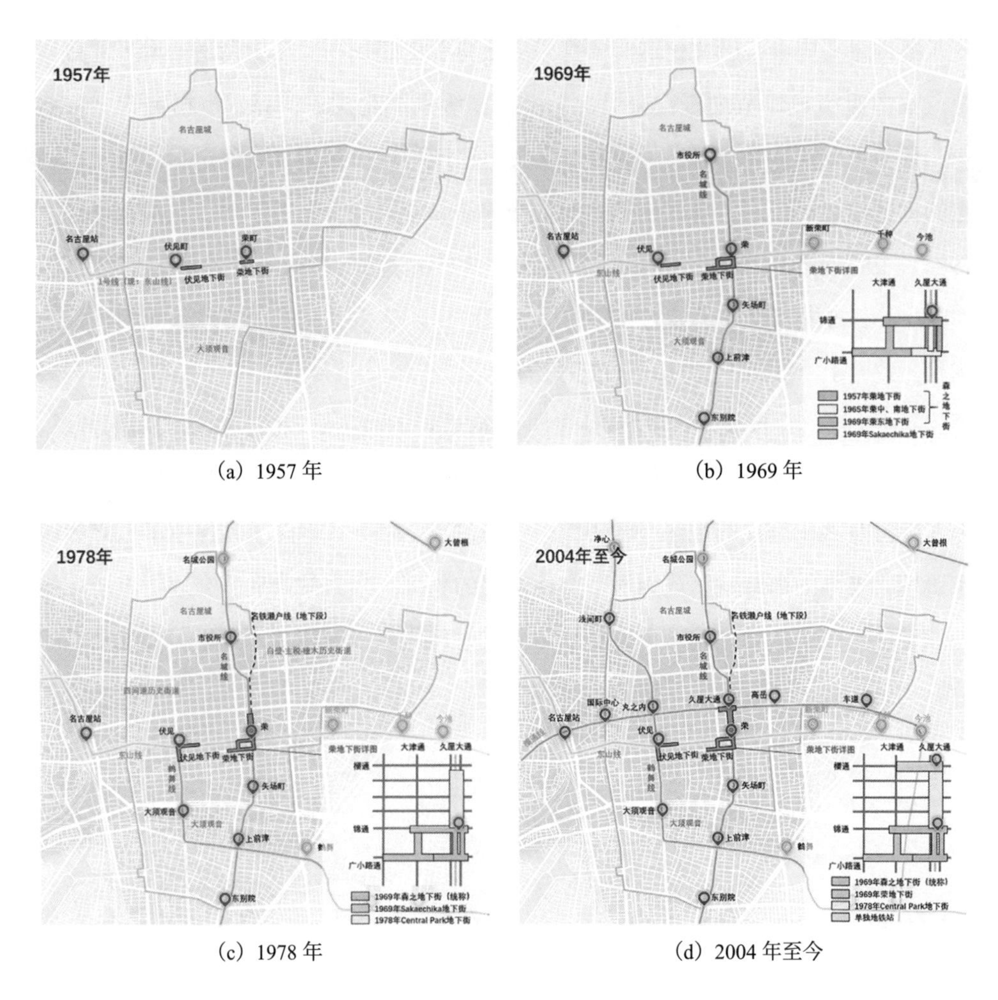

(a) 1957 年　(b) 1969 年

(c) 1978 年　(d) 2004 年至今

图 2-16　名古屋历史中心区地下空间演变

（来源：作者自绘）

2.4.2　地下交通网络带动历史中心区文化发展

名古屋在经历第二次世界大战破坏后，许多历史遗迹都已消失殆尽，但它仍保留了一些珍贵的文化遗产。名古屋历史中心区是战争破坏严重的地区，也是战后率先启动复兴计划的地区，它借助城市复兴的机会对名古屋重新进行土地区划整理，重建为现代化的中部中心城市。城市与经济的复兴为文化复兴奠定基础，地下交通、地下街的建设是名古屋现代化发展与经济全面发展的标志，同时也为历史的传承复兴带来便利与空间。

名古屋历史中心区文化遗产丰富，主要有历史建造物、历史街道、地下埋藏物等，其中对历史建造物进行分级保护，最高级别的是国家、县、市指定的文化遗产、景观重要建造物，第二是国家登记文化遗产与城市景观重要建造物，第三是认定的地区建造物资产，第四是登记的地区建造物资产（《名古屋都市景观条例》，1984）。由于战争破坏，名古屋历史文化遗产主要以建筑的形式分散在中心区各处（图 2-17），名古屋市建立了较为完整的历史遗产保护体系，制定历史风致等相关保护规划，致力于恢复名古屋的历史城市魅力。

历史中心区中部是名古屋城筑城时期同时建设的城下町地区，也称“棋盘分割”地区，该地区是模仿京都方格网状布局规划的，古代作为町人居住的场所，东面规划了寺町及武士居住的地区（池田诚一，2017）。如今该地区基本保留了原来的城市肌理，规则的道路网络成为地下交通发展的基础，集聚的商业、交通、旅游功能使该地区延续了历史上的城市中心地位，成为现代名古屋商业、交通、文化交汇的

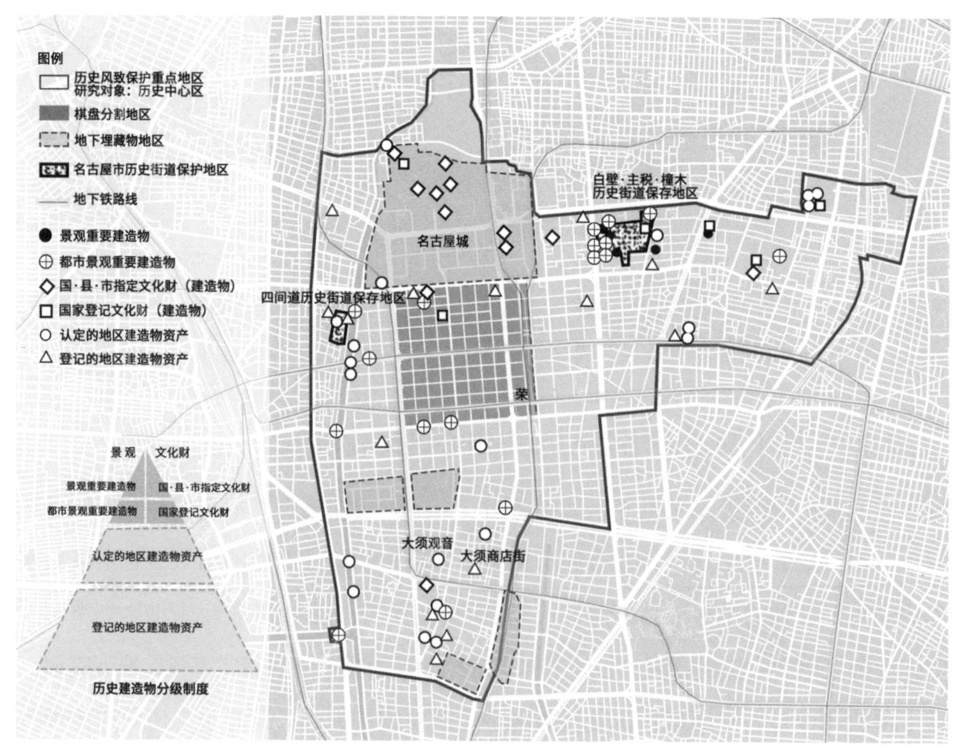

图 2-17　名古屋历史中心区内历史文化遗产分布

（来源：作者自绘）

中心。同时还保留了东照宫祭、若宫祭、天王祭等主要的祭祀活动，是名古屋重要的无形文化遗产。

名古屋历史中心区的历史景观主要分为七个部分:“棋盘分割”地区、名古屋城、四间道历史街区、白壁・主税・橦木历史街区、筒井町天王祭、大须观音、城下町山车祭，名古屋历史中心区内地下交通网络与周边历史景观布局如图 2-18 所示。

“棋盘分割”地区位于正中心，由锦通、伏见通、出来町通、久屋大通四条道路围合而成。四条地下铁路线在该地区边界交织形成四个地下站点及多个地下街、地下步行通道，将整个方形地区半包围在内。这使得“棋盘分割”地区成为历史中心区的核点，更成为整个名古屋的地下铁路的起点及大型换乘中心，由这四个站点延伸而出的网状地下铁路线，形成“井”字形，将历史中心区内的各历史景观节点分隔开来。地下铁路线网均从历史景观的边界经过，串联了各景观节点，因为地下交通不分割景观结构。

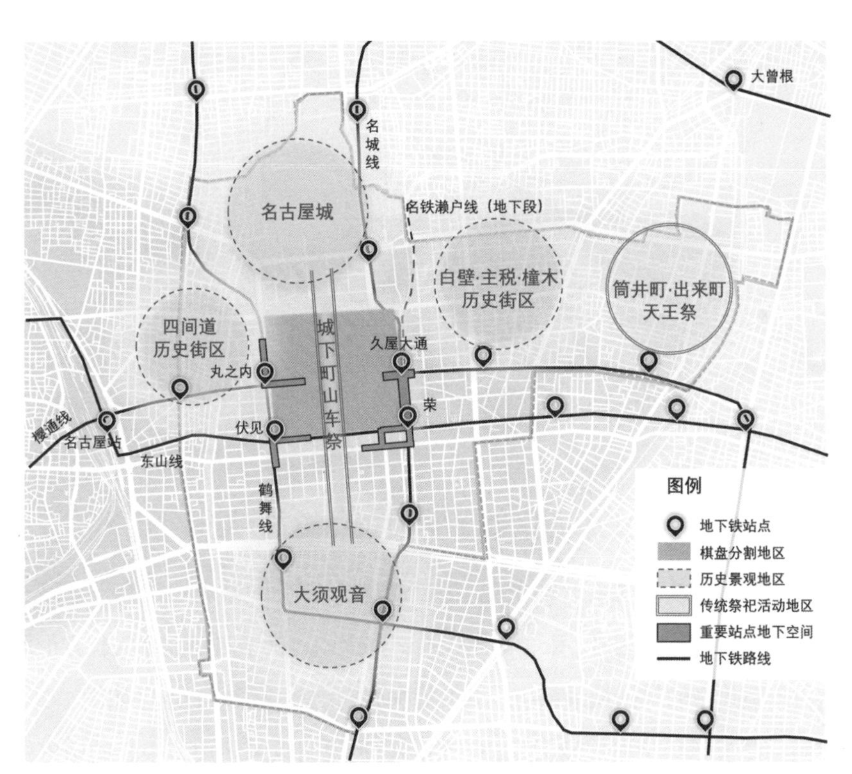

图 2-18　名古屋历史中心区内地下交通网络与周边历史景观布局

（来源：作者自绘）

四个主要的建筑、街区类历史景观分别紧邻“棋盘分割”地区的东、南、西、北四个方向，北部名古屋城位于名城线市役所站和鹤舞线浅间町站之间，东部白壁·主税·橦木历史街区位于樱通线高岳站以北，西部四间道历史街区紧靠樱通线国际中心站北面，南部的大须观音与大须商店街被鹤舞线和名城线包围，并设有大须观音和上前津两个周边站点。这些站点除了上津通外，都与“棋盘分割”地区主要的四个换乘站点仅相距一站路程。筒井町和出来町天王祭距离中心站点也只有两站。而城下町山车祭包括东照宫祭、三之丸天王祭和若宫祭，祭祀的路线沿着“棋盘分割”地区中心的本町通。

地下交通网络既组织起了历史中心区的内部和对外出行，还串联了各大历史景观节点，带动了历史中心区内部的文化旅游发展，历史中心区网络化地下铁路线布局示意图如图 2-19 所示 。

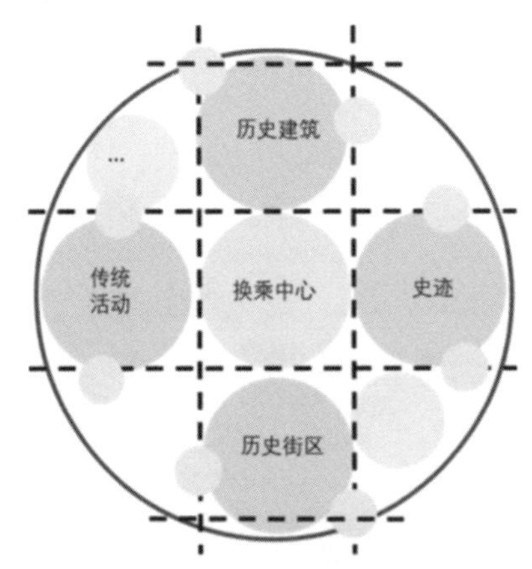

图 2-19　历史中心区网络化地下铁路线布局示意图

（来源：作者自绘）

2.4.3　名古屋历史中心区地下空间布局模式

名古屋历史中心区主要有四条地下铁路穿过，其中荣站周边是地下铁路交通、地下街发展建设最早的区域。荣、久屋大通、丸之内、伏见四站围合成长方形区域，形成名古屋最集中的对内换乘系统，以荣为中心的地下交通核心地区如图 2-20 所示。地下空间的建设是经济发展及需求的产物，这也说明以荣周边为中心的历史中心区是城市发展、经济建设的核心地区，对地下空间、交通、人流等都有更高、更早的需求。

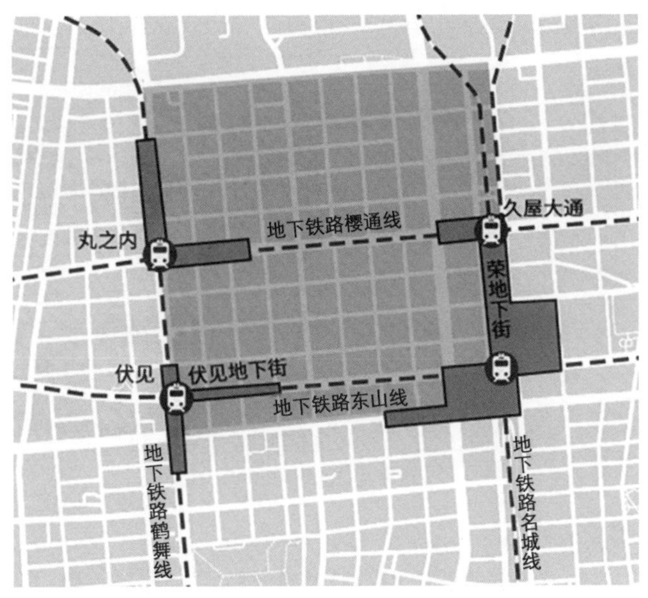

图 2-20　以荣为中心的地下交通核心地区
（来源：作者自绘）

名古屋历史中心区地下空间集中式布局将交通资源集中汇聚，便于人们在短时间内达到换乘的目的，同时历史中心区内的换乘枢纽，可以更方便地将人流交通送达区域内部，也便于来往旅游的人群通过线路较多的交通枢纽通往城市各地，反映出集中的交通布局为城市出行、旅游等带来极大的便利。

名古屋市的对外交通枢纽名古屋站紧靠历史中心区西侧，是日本中部最大的铁路交通枢纽，其中东海道新干线北通东京、横滨，南至大阪、博多，传统线路连接日本中部的岐阜、冈崎等地。所以名古屋站是引入日本全国乃至世界商务、旅游等人流的重要节点，也是城市高密度建设的中心，超高层的商务、商业建筑都汇聚于此。名古屋站设置在历史保护区的外围，减少了地上铁路线对历史景观的影响，保证了铁路枢纽地区的经济发展。同时名古屋站内的两条市营地下铁路东山线和樱通线东行直达历史中心区内的“棋盘分割”地区，相距仅两站，这将名古屋站汇聚的人流通过地下交通快速输送到对内换乘中心，内外交通枢纽的功能配合如图 2-21 所示。历史中心区将主要的交通换乘区域设置在中间，把分布在四周的历史景观节点与中心的距离保持在 1 ～ 2 站，到达各景点的时间仅需 3 ～ 5 分钟，在空间上使各功能

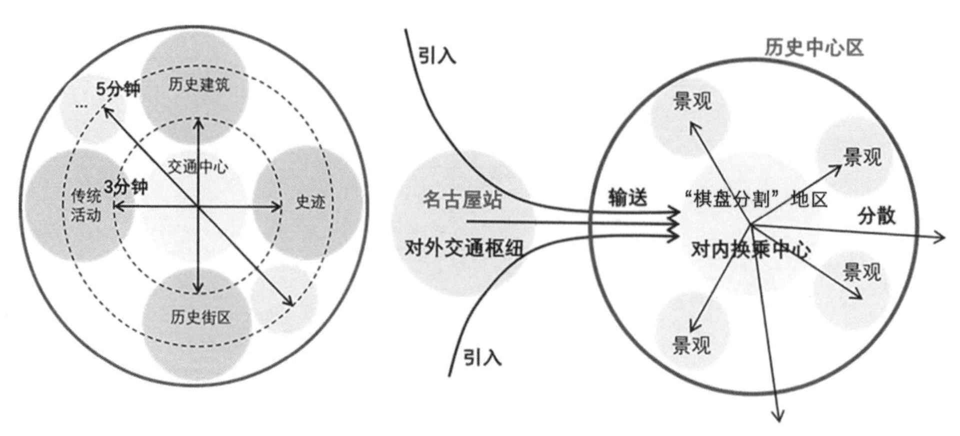

图 2-21　内外交通枢纽的功能配合

（来源：作者自绘）

布局更加紧凑。对旅游观光人群来说，通过对内换乘，无论是去往历史中心区内的历史景观节点，还是在荣地区的地下街进行购物、餐饮、住宿等活动，都十分便捷，这样可以将人流分散到城市各处。

3

国内历史地区地上地下整体利用的案例

3.1 北京

3.1.1 地下空间的发展历程

1. 20 世纪 20 年代至 80 年代的防空洞建设

北京旧城地下空间建设始于 20 世纪 50 年代。20 世纪 50 年代初期到 60 年代中期出于战备的考虑，北京陆续修建了几十万平方米的防空地下室。20 世纪 60 年代末，全国各地都开展防空洞建设，北京建成了几百万平方米的地下人防空间。到 1973 年，很多地下防空洞已经形成网络状的空间布局，这些网状地下道路遍布旧城内的四个区。例如大栅栏地道式人防工程约 5000 平方米，王府井地道网工程约 1.2 万平方米。截至 1999 年底，北京尚存地下防空洞 159.7 万平方米、坑道工程 11.4 万平方米，而已经废弃被拆除的防空洞总量为 89.4 万平方米，废弃拆除的出入口共有 18,407 个[1]。北京地下防空洞在 20 世纪 80 年代初至 2008 年间曾部分开放，供游人参观，北京地下城的入口与通道空间如图 3-1 所示，并且将部分空间作为工艺美术服务和服装加工厂等功能空间。

图 3-1　北京地下城的入口与通道空间

（来源：杨乃运，吴若峰．地下北京 [J]. 旅游，2005（10）：56-59）

1 张悦 . 北京旧城历史文化保护区地下空间开发利用研究 [D]. 北京 : 北京工业大学 , 2005.

2. 20 世纪 80 年代至 21 世纪地下空间规划设计

从 20 世纪 80 年代开始，北京停止挖掘地下防空洞，基于平战结合的原则对已有的人防工程进行改造利用，形成地下办公用房、科研用房、生产车间、医疗救护站、停车库等多种功能的地下空间。

北京人防工程平战结合开发的兴盛时期是 20 世纪 90 年代。在此期间，北京市开发利用的人防工程占 60% 以上，人防工程在这个阶段得到了很好的维护。地下空间不再单独以人防工程的形式来建设,而是作为一般建筑的人防地下室存在。1977 年，西单商场建设了地下人防空间，地下建筑面积高达 4,000 余平方米，成为北京旧城早期的地下商场[1]。但是由于相关法律法规的不完善与相关部门的缺失，大量地下空间改造出现粗制滥造的问题，北京开始制定地下空间相关规范，1998 年颁布了《北京市人民防空工程建设与使用管理规定》。

地下空间在文物保护层面也发挥了重要作用。故宫在 1987—1989 年建设了地下文物库的一期工程，深 14 米、地下 3 层的文物库总面积为 5,479 平方米，在一定程度上解决了故宫文物的收藏存放问题。1994—1996 年故宫建设了地下文物库的二期工程，同样是地下 3 层的文物库，二期建筑面积为 16,123 平方米，是一期的近三倍[2]。北京作为历史文化名城和世界著名古都，拥有大量历史遗迹和地下埋藏文物，北京市域地下埋藏文物分布图如图 3-2 所示，地下空间的利用将为文物保护提供充足适宜的条件。

3. 21 世纪以来地下空间全面快速发展

1990—2000 年，北京针对城市交通枢纽、商业中心、新兴产业等重点地区进行了地下空间规划设计，例如北京西站南广场、王府井地区的地下空间建设。21 世纪以来，北京的地下空间发展进入新的时代，北京开始对地下空间进行全面、大规模的开发利用。《北京城市总体规划（2016 年—2035 年）》中提出建设“多维、安全、高效、便捷、可持续发展”的立体式宜居城市。

---

1 张悦 . 北京旧城历史文化保护区地下空间开发利用研究 [D]. 北京 : 北京工业大学 , 2005.

2 张悦 . 北京旧城历史文化保护区地下空间开发利用研究 [D]. 北京 : 北京工业大学 , 2005.

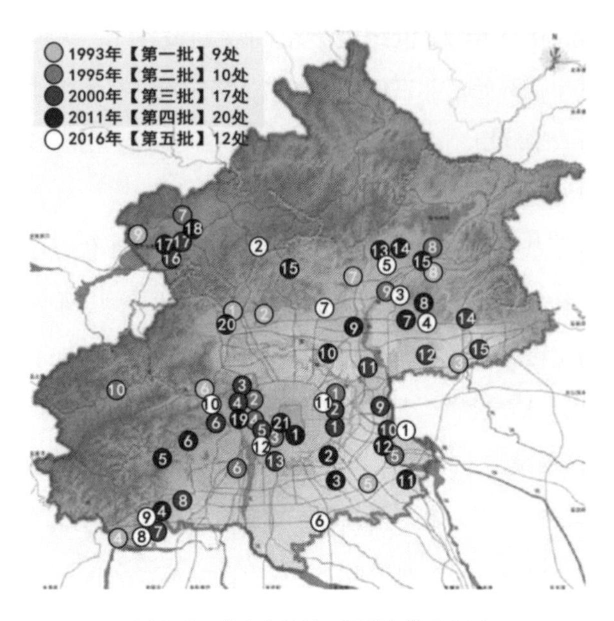

图 3-2　北京市域地下埋藏文物分布图

（来源：吴克捷，赵怡婷．北京城市地下空间开发利用立法研究[C]// 中国城市规划学会．新常态：传承与变革——2015 中国城市规划年会论文集（11 规划实施与管理）．北京：中国建筑工业出版社，2015：917-926）

1）旧城地下空间发展全面化与大型化

全面化是指北京的各种类型的地下空间，包括地铁、地下居住空间、地下车库、文化娱乐、商业等功能在内，在 21 世纪的二十余年间得到了全面发展。大型化是指过去十几年新出现的具有较大规模的地下公共空间。在 20 世纪，北京地下空间虽大量分布，但绝大多数地下空间为不同类型建筑的地下室和城市人防设施等，大型地下建筑几乎没有。21 世纪新建的大型地下空间的综合度、整合度更高，在功能类型上也更为丰富，这代表了北京地下空间发展的趋势。北京的大型化地下公共空间在城市空间分布上与北京地下空间规划相呼应，趋向于"双轴双环"的规划布局结构（图 3-3）。大规模的地上、地下商业建筑渐渐出现在历史文化街区周边，同时地下文物的就地展示技术也发展得更加成熟，原本封闭的地下空间逐渐对外开放。

2）旧城区地铁修建与历史文化保护

北京地铁与旧城区相互作用 50 余年，其发展趋势如图 3-4 所示。2002 年之前北京老城区地铁建设处于起步阶段，修建了 1 号线和 2 号线，共 30.1 千米。这个时期地铁建设处于摸索阶段，建设周期长，施工技术不成熟，对老城区内的历史文化

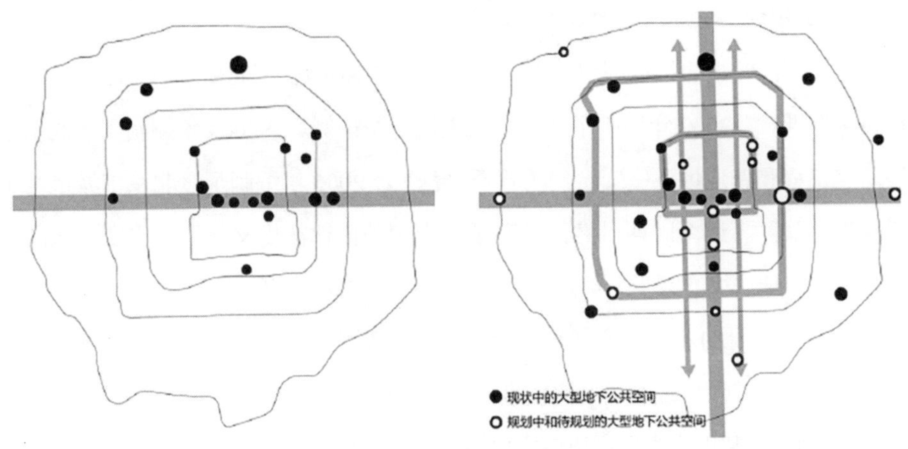

(a) 现状一轴为主、多点为辅的分布态势　　(b) 趋向于“双轴双环”的规划布局结构

图 3-3　北京的大型化地下公共空间

（来源：商谦，朱文一 . 大型地下公共空间与当代北京城 [J]. 建筑创作，2012，（7）：190-195）

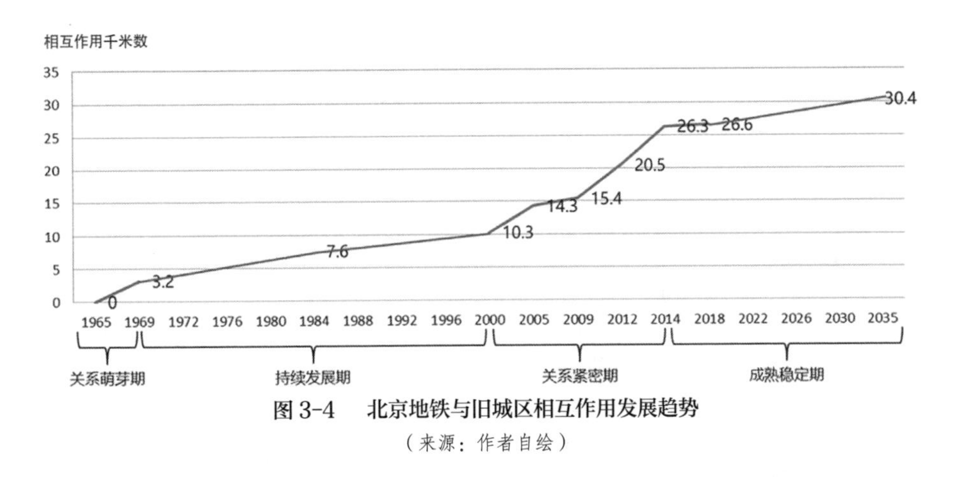

图 3-4　北京地铁与旧城区相互作用发展趋势

（来源：作者自绘）

遗产保护造成了消极影响。2004—2015 年，北京老城区地铁建设高峰期共修建地铁 31.2 千米，分别是地铁 4、5、6、7 号线和 8 号线一、二期工程。地铁建设改善了老城的交通状况，由于地铁技术的快速发展及文化保护意识的增强，在开发地铁的同时也对老城内的文物遗迹采取了规避和保护措施。2015 年老城区地铁建设进入稳定期，地铁修建的进程明显放缓，工程选址更加慎重，到 2018 年底仅建设完成 2.33 千米的 8 号线二期南段，该工程穿越了既有鼓楼大街站。2021 年底，8 号线终于全线贯通运营，同时另一条穿越老城区的 19 号线完成建设。预计将在 2023 年底完成新一轮北京总体规划中的穿越旧城区的 3 号线 1 期工程。

3）相关规划、法规与技术规范日渐完善

在地下空间的法律法规制定方面，北京 2001 年编制了《北京地下空间安全专项治理整顿标准》，2002 年编制了《北京市人民防空条例》，2004 年编制了《北京市人民防空工程和普通地下室安全使用管理办法》，2005 年编制了《北京市城市地下管线管理办法》。这个时期虽然已经有了以上相关法律法规文件，但主要为人防、地下管线等专项法律，缺少一部地下空间的综合性法规或部门规章。

2016 年，当时的北京市规划和国土资源管理委员会编制了《北京市地下文物保护管理办法》，2017 年编制了《北京市地下空间规划设计技术指南》，指南中提出："将地下空间开发利用作为保护历史文化名城和改善地区基础设施条件的重要手段。"指南明确了总体规划、详细规划、方案设计等不同层次的地下空间规划技术要点，弥补了北京地下空间规划技术标准的空白[1]。北京市地下空间相关法规规范如表 3-1 所示。

表 3-1　北京市地下空间相关法规规范

年份	名称	级别
1998	《北京市人民防空工程建设与使用管理规定》	规章
2001	《北京市人民政府关于加强人行过街天桥、人行地下过街通道管理的规定》	规范性文件
2002	《北京市人民防空条例》	法规
2004	《北京市人民防空工程和普通地下室安全使用管理办法》	规章
2005	《北京市城市地下管线管理办法》	规章
2006	《北京市人民防空工程和普通地下室安全使用管理规范》	规章
2016	《北京市地下文物保护管理办法》	规章
2017	《北京市地下空间规划设计技术指南》	指导性文件
2019	《北京市地下空间使用负面清单》	规章

来源：吴克捷，赵怡婷．北京城市地下空间开发利用立法研究［C］// 中国城市规划学会．新常态：传承与变革——2015 中国城市规划年会论文集（11 规划实施与管理）．北京：中国建筑工业出版社，2015：917-926.

在地下空间的开发利用规划方面，北京 2004 年编制完成了《北京中心城中心地区地下空间开发利用规划（2004—2020 年）》，以此为基础，为北京市内老城区后续编制重点地区地下空间相关规划搭建了框架并提供了保障。2006 年北京市规划委

1 吴克捷，赵怡婷．京沪两大城市地下空间开发利用比较 [J]. 中外建筑，2021（5）：24-29.

员会、北京市人民防空办公室与北京市城市规划设计研究院联合编制了《北京地下空间规划》，该书对北京市旧城地下空间可开发地区进行了评估研究，并从地下市政、地下交通、地下人群活动、地下建筑等不同方面进行了规划设计。2018年编制完成了《北京市地下空间规划（2018—2035年）》，规划转变工程主导思维，聚焦地下空间资源的生态可持续利用与科学预留，对历史保护地区的地下空间管控、结合轨道交通的地下空间协同发展、地下基础设施统筹建设、深层地下空间开发利用、地下空间规划管控系统等展开了探索性研究[1]。

3.1.2 王府井历史街区地下空间

随着北京城市的高速发展，土地需求不断扩大，历史文化街区地下空间的开发利用也开始进入大众视野，从最初小规模地用于存贮，逐渐演变到广泛应用于居住、商业、交通、博物馆等多元化功能，北京历史文化街区地下空间利用大事件汇总表如表3-2所示。可见，历史文化街区的地下空间利用已成为街区更新发展的趋势，地下空间从数量、规模、分布、质量等方面都有了大幅度增加或提升，为历史文化街区提供了足够的支持。其中王府井大街地下空间是北京历史文化街区地下综合体建设的代表。

表3-2 北京历史文化街区地下空间利用大事件汇总表

时间	空间规模	历史文化街区	事件说明
1987—1991年	4,818 m²	皇城	建设故宫博物院一期地库
1993—1997年	15,970 m²	皇城	建设故宫博物院二期地库
1998年	约60万m²	王府井大街	随着新东安市场及东方新天地两家大型商业设施的开发，地下商业街的建设已初具规模
2004年	约6,000 m²	国子监	建设首个穿越历史文化街区内部地铁路段
2012—2013年	约5,000 m²	南锣鼓巷	建设地铁6号线与8号线地下隧道与站台
2018年	约6万m²	大栅栏	建设北京坊项目的地下商场与地下停车场
2018年	8,285 m²	皇城	在原一期、二期地库之间加建地库，建设地库至西河沿文物保护综合业务用房地下连接通道
2019年	2,300 m²	阜成门大街	改建北京超大豪华四合院商务办公、娱乐会所

来源：杨婧．北京老城区地铁站对历史文化街区保护利用的影响研究[D]. 天津：天津大学，2020.

1 吴克捷，赵怡婷．京沪两大城市地下空间开发利用比较[J]. 中外建筑，2021（5）：24-29.

1. 王府井历史街区概况

王府井步行商业街位于首都功能核心区之一的东城区，南起东长安街，北至金鱼胡同，全长约 810 米，是北京有名的传统商业区。因为这里日用百货、五金电料、服装鞋帽、珠宝钻石、金银首饰等商品进销量极大，所以它是“日进斗金”的寸金之地。1949 年以后，人民政府对王府井大街进行了整顿和改造，继承并发扬了传统的经营特色，兴建了一些大型商业设施，形成了以东风市场和百货大楼为主体的繁华商业区，王府井步行街如图 3-5 所示。

2. 地下空间概况

1999 年北京地铁王府井站正式通车，此时王府井传统商圈首次实现了地面与地下的沟通。

1992 年北京市政府决定通过引进外资，对王府井进行大规模改造。目的是使王府井大街成为世界一流的商业中心。为此有关部门制定了王府井商业区改造规划并付诸实施。

1997 年底，根据改造规划，王府井开始了地下商业街改造的前期工作。

1998 年 4 月，北京市规划院提出了王府井大街整治城市设计概念规划，建议暂

图 3-5　王府井步行街

（来源：张传东摄）

缓地下商业街的建设，以便集中力量尽快完成市政设施的铺设及街景的整治工作。但随着新东安市场及东方新天地两家大型商业设施的开发，地下商业街的建设已初具规模。

目前王府井商业步行街地下空间的开发利用主要包括地下通道、地铁隧道、地下停车场及地下商业街等形式。其中东方新天地与新东安市场的地下商业街的建设开发面积最大。王府井步行街改造前主入口在地面层，加建地下步行街后其主要出入口位于负一层，建筑面积也增加了很多，由之前的 400 平方米扩大到现在的 3,000 平方米。店铺装潢全部采用明清时代建筑风格，加之吸引了一大批中华老字号名店入驻，因此具有浓厚的历史文化气息。北京王府井地区的地下空间可利用面积为 60 万平方米，以为市民和游客提供交流和商业活动的城市功能空间为主，还囊括了地下轨道交通、市政设施等附属功能空间。王府井区域内的大型建筑均进行了地下空间的利用，其功能空间以停车空间、商业空间、娱乐空间、餐饮空间、仓储空间等为主，充分利用了地下轨道的便利性，将人流引导至地下空间，进而提高了地下空间的利用率，增加了该区域的商业价值，王府井地下商业街入口及内部如图 3-6、图 3-7 所示。

3. 历史街区地上地下空间互动关系概况

从空间垂直的角度来看，王府井商业街通过分层利用的连接方式将地下通道、地铁隧道、东方新天地及商业步行街之间的空间衔接起来，形成了集停车、步行通道、商业服务、防空防灾等功能于一体的立体交通空间系统。

图 3-6　王府井地下商业街入口

图 3-7　王府井地下商业街内部

（来源：https://www.meipian.cn/2c2kdyp6）

王府井商业街的更新再开发，既保护了历史街区的空间形态，也符合现代城市的发展要求。街区在开发地下空间的过程中，将地上的部分商业功能转移到地下，在地面创造出市民广场和公共绿地等公共空间供市民及游客游玩，营造了舒适的环境，解决了该区域空间容量不足等问题；将传统与现代融会贯通，更新改造后的步行商业街尺度宜人，具有浓厚的文化与生活气息，充分展现了传统文化的魅力，激发了城市的活力，提升了周边土地的利用价值。值得注意的是，在开发前期对区域交通状况估计不准确，导致地下车库的利用率不高，造成了地下空间资源的浪费，这也为今后的地下空间开发提供了借鉴。

3.1.3 历史街区地下空间利用特征

1. 地下空间利用呈倒三角式

我国历史街区地下空间利用已经不局限于浅层次（地下 10 米），近些年来已经实现了对次浅层（地下 10 ～ 30 米）的大规模利用，并向日本、新加坡等国家学习向次深层（地下 30 ～ 50 米）与深层次（地下 50 ～ 100 米）发展。北京地铁 8 号线南段，受地上历史街区的影响规划修建深度为 40 米，历史街区地下空间的深层建设已不再少见。

地质条件与地下环境的影响、地下工程实施的难度依旧客观存在，深度越大，土质越硬、施工难度与代价越高、对人的消极影响越大，因此地下利用空间随开发深度的变大而变小，呈现倒三角利用模式（图 3-8）。

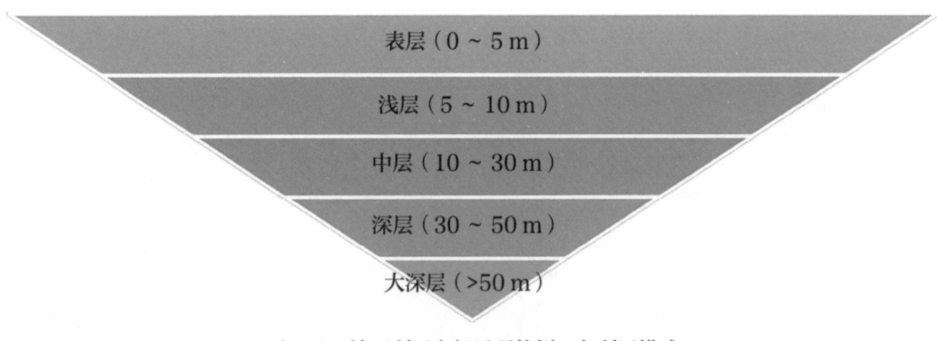

图 3-8　地下利用空间呈现的倒三角利用模式

（来源：作者自绘）

2. 分层布局使用功能

地下空间的利用是极其复杂的，尤其是历史文化街区的地下空间，不仅与其他地区一样要受到的地质、水文、灾害等条件的制约，还要受到地上历史建筑、地下不可移动文物、古植被等多种历史因素的制约。

北京市历史文化街区地下空间在分布层次上可按照道路之下地下空间、道路之外地下空间、街区外地下空间三个区域进行研究（表 3-3）。道路之下地下空间多集中于浅层与中层空间，且以交通、市政功能为主；道路之外地下空间集中于浅层空间，功能较多元化；街区之外地下空间没有了地上保护诉求，反而对中层、深层空间利用较多。

表 3-3 北京市历史文化街区地下空间利用状况

	地下 0 ~ 10 m	地下 10 ~ 30 m	地下 30 ~ 100 m
道路之下地下空间	地铁、地下通道、人行地道、地下车库、地下街、共同沟	地铁（隧道）、地下河、地下道路（干道）、地下物流设施、基础设施（导水管、高压煤气管）	地下骨干设施(高压变电站、地下水处理中心等)
道路之外地下空间	地下街、地下住宅、办公用房、公共建筑、地下车库、地下泵站、变电站、区域性供暖等	地下车库、地下设施（泵站、变电站）	地下骨干设施(高压变电站、地下水处理中心)
街区之外地下空间	地下工厂、交通隧道（公路、铁路）输水隧道、地下河	地下变电站、交通隧道（公路、铁路）、粮食贮存、地下水坝、地下实验研究设施、液化气、低压储库等	地下电站、交通隧道（公路、铁路）、能源（石油储存）、输水隧道、地下水坝、地下电力储存设施、液化气、低压储库

来源：依据相关资料汇总。

3.2 上海

3.2.1 历史街区概况

1986 年，上海被认定为第二批国家级历史文化名城。我国从 1991 年公布第一批优秀历史建筑至今，已经陆续公布了五批优秀历史建筑。自 20 世纪 90 年代起，上海历史风貌保护逐渐从单体建筑保护向历史风貌成片保护转变。1991 年 7 月编制完成《上海历史文化名城保护规划》[1]，其中划定了将上海市中心城区的 11 个片区作为历史文化风貌区。此后在 1999 年编制的《上海市中心区历史风貌保护规划（历史建筑与街区）》[2] 中，明确了风貌区的保护范围和要求。

2002 年，上海市政府颁布的《上海市历史文化风貌区和优秀历史建筑保护条例》将“历史文化风貌区”定义为历史建筑集中成片，建筑样式、空间格局和街区景观较完整地体现上海某一时期地域文化特点的地区。上海市还确定了历史文化风貌区 44 个，其中，中心城区历史文化风貌区 12 个，郊区与浦东新区共 32 个（图 3-9）。另外，上海市还将 144 条道路认定为风貌保护道路，其中的 64 条被认定为永远不拓宽道路。

2016 年，上海市政府公布了上海市历史文化风貌区范围的扩大名单，其中包括风貌保护街坊和道路，前者共计 119 处，后者共计 23 条。在这份名单中，既包括如上海里弄和工业遗产这种亟须抢救型的保护对象，又包括如工人新村、历史公园等需要完善补充类型的保护对象。扩充名单对风貌道路的选择更多是将 12 个历史文化风貌区外的风貌保存较好的道路考虑进来，进一步丰富和完善了上海的历史风貌保护体系。

---

1 汤志平 . 上海历史文化名城保护有了规划 [M]// 徐之河 , 凌岩 . 上海经济年鉴 . 上海 : 上海经济年鉴社 , 1992: 376.

2 伍江 , 王林 . 上海城市历史文化遗产保护制度概述 [J]. 时代建筑 , 2006（2）: 24-27.

3.2.2 地下空间的发展历程

上海市地下空间的开发建设起步较早。据史料记载，早在清朝同治年间（19 世纪 60 年代）上海市便开始了给排水等市政管道设施的建设，并于民国时期达到一定规模，但各国租界规划建设各自为政，导致地下市政设施不成体系，且受技术水平限制，当时地下空间建设仅对浅层空间进行开发。1960 年以后，我国开始了以防御空袭为主的大规模人防工程建设，一批点状分布的防空洞及地下掩体在此时期建成，但由于单体面积不大，未能形成网络体系。

1978 年，我国提出了“平战结合”的人防建设策略，上海市人防工程开始逐渐步入正轨。到了 20 世纪 90 年代，上海市中心城区开始了大规模的旧城改造和新区建设，同时市政府也开始重视地铁建设工作的推进，并逐步形成了完整的轨道交通体系，而交通的发展又带动了周围地下商业空间的建设，上海地下商业空间开始蓬勃发展。

2002 年，上海市城市规划局与建设交通委会同有关部门编制了《上海市地下空间概念规划》，并在 2005 年通过了上海市政府的审批。结合上海市的现实情况，规划针对性地提出了上海市地下空间开发建设的原则，并确定了上海市地下空间横纵两个方向的布局，上海市中心城区地下空间工程分布图如图 3-10 所示。该规划不但

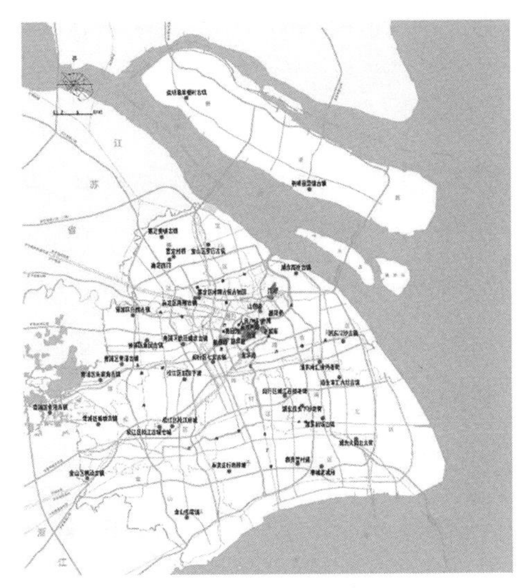

图 3-9 上海市历史文化风貌区分布图

（来源：https://ghzyj.sh.gov.cn/ghgs/20200110/0032-619786.html）

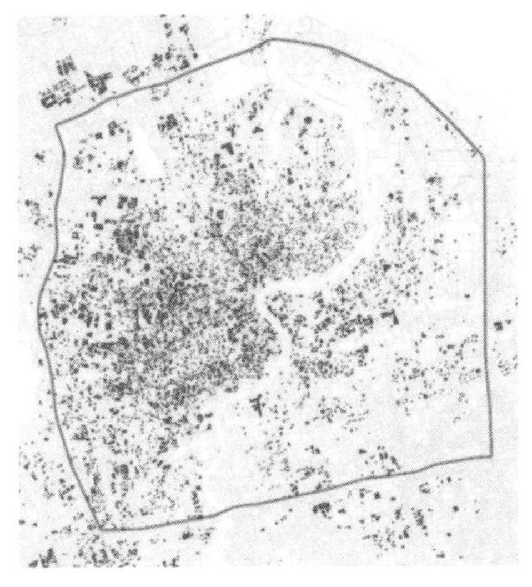

图 3-10 上海市中心城区地下空间工程分布图

（来源：刘艺，朱良成．上海市城市地下空间发展现状与展望 [J]. 隧道建设（中英文），2020, 40（7）：941-952）

为上海市控制性详细规划及相关的专项规划提供了协调依据，而且为上海地下空间的开发利用提供了建设依据。

2008 年，《上海市地下空间规划编制导则》进一步完善了上海市地下空间规划编制体系。导则中对编制内容、审批流程和规划重点做出了进一步的明确。其后《上海市地下空间概念规划》《上海市地下空间近期建设规划（2007—2012 年）》等规划的编制工作也陆续完成。此外，上海市还根据市内不同片区的发展特征，完成了徐家汇城市副中心、真如副中心、上海世博园、江湾五角场等地的地下空间详细规划的编制工作。以上规划科学合理地指导了上海市地下空间的开发利用，促使上海形成了从整体、区域、节点再到专项规划的较为完善的地下空间规划体系。据统计，截至 2020 年上海市地下空间规模已超过一亿平方米。

3.2.3 代表性历史街区地下空间

人民广场地下商业街及五角场地下商业街建设完善且建成环境较好，是上海市具有代表性的历史街区地下空间。人民广场地下商业街按平面结构分类属于直线型，按历史街区功能分类属于景观文化型；江湾五角场地下商业街按平面结构分类属于放射型，按历史街区功能分类属于混合型。

1. 上海人民广场地下空间

1）历史街区概况

人民广场历史文化风貌区位于上海市黄浦区，东起湖北路，南至延安东路，西侧以成都北路为界，北至北京西路，总面积 107 公顷。上海于 1843 年开埠，在此之前人民广场还是一片农田，分布着奚家、邱家等 70 余处屋舍。1850 年，英国人霍格建立“上海跑马总会”，在英租界的边界西侧（现河南中路以西），花园弄北侧（现南京路以北），购买了八十余亩农田，并将其建设成为第一个跑马场，以此作为西方人进行体育活动的空间。此后，随着地价的上涨，跑马总会将该片区高价出售，向西转移，在今天的浙江中路、北海一带开辟了第二个跑马场。1862 年，跑马总会圈占了泥城浜（今西藏中路）以西的农田，建造了第三个跑马场，后称跑马厅，其演变图如图 3-11 所示。1951 年 9 月，上海市人民政府将跑马厅改建为人民公园和

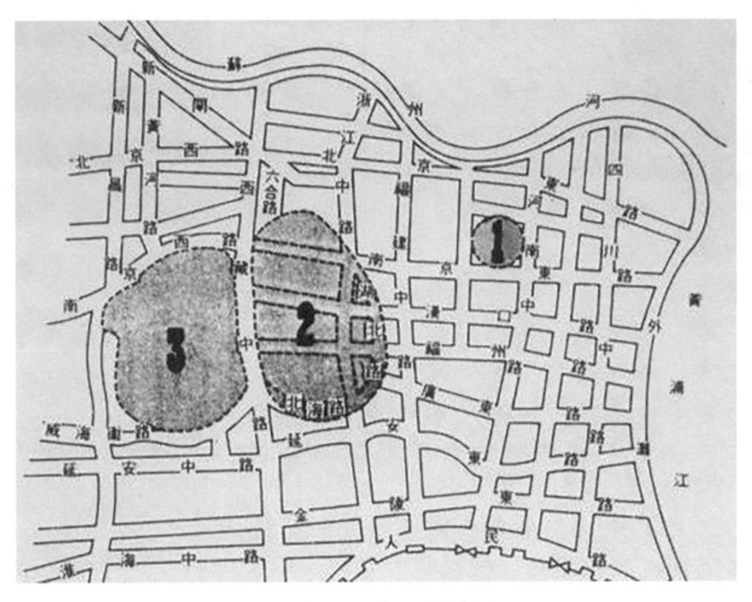

图 3-11　跑马厅演变图

（来源：白玉琼 . 公共空间的历史变迁——以上海“人民广场”的演变为例 [J]. 公共艺术，2014（6）：5-13）

人民广场。此后半个多世纪，人民广场经历了多次改造、修建，成为如今上海重要的地标。

人民广场位于风貌区南部，面积约 14 万平方米，以公共活动为主导功能，是上海的行政文化中心，也是商业、文化、办公、居住等多功能有机结合的城市复合区，同时兼有公共交通枢纽和商务等延伸功能。市政大厦位于广场中心，由人民公园、市政大厦、博物馆共同构成其中轴线，市政大厦与博物馆间为中心广场，东西两侧为副广场，是一处集现代风貌与传统文化于一体的园林广场。

《上海市城市总体规划（2017—2035 年）》中，提出完善由城市主中心（中央活动区）、城市副中心、地区中心和社区中心四个层次组成的公共活动中心体系，将人民广场作为中央活动区之一，未来仍是发展建设的重点。

2）地下空间概况

上海人民广场地下空间以商业和交通功能为主，位于上海市人民广场历史风貌区的中心，人民大道的南侧，是公园广场型地下商业街（图 3-12）。人民广场地下商业街由三部分组成，分别是上海迪美购物中心、香港名店街、1930 风情街（图 3-13），

图 3-12　上海市人民广场地下商业街区位图
（来源：作者自绘）

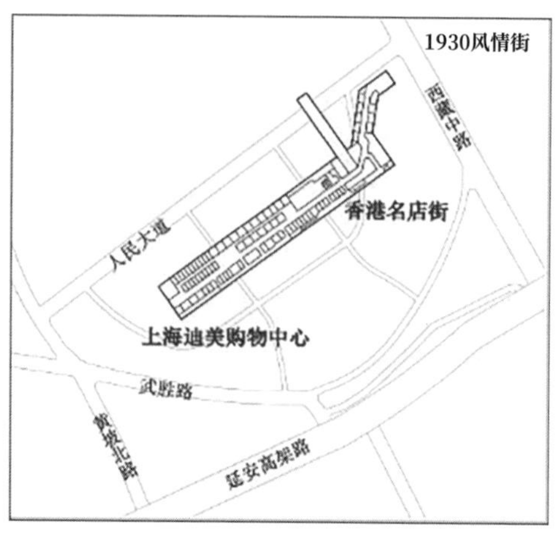

图 3-13　上海市人民广场地下商业街平面结构
（来源：作者自绘）

三个地下街共拥有近百家商铺。地下商业街向东与人民广场地铁站相连，向西与地下停车场相连，南临上海博物馆，北靠人民大道。地下商业街全长 276 米，宽 36 米，店铺进深为 3 ～ 6 米，总建筑面积 9,910 平方米。商业街内部以服装销售、餐饮、美容美发功能为主。

地下商业街通过下沉广场与城市空间相连，周边被城市多条干道围绕，附近有 20 余个公交站点，以及多个地铁换乘站点，地铁 1 号、2 号、8 号线作为三条上海城市中心极为重要的地铁线，都途经人民广场历史风貌区，所以此处人流量巨大。

3）历史街区地上地下空间互动关系概况

空间上，上海人民广场地下商业街属于公园广场型地下商业街，平面呈直线型结构，顺应人民广场走向及地面人流方向。从建筑、出入口等微观视角来看，地下街与历史街区地面环境互动性较好。地下商业街与风貌区通过 3 处有顶通道式的出入口相沟通，且其中一处出入口依托地面建筑设置，地上地下空间互动性良好。

功能上，人民广场历史风貌区以公园广场用地、文化用地为主，地下商业街通过出入口、地下通道与之相连，互动性较高。

风貌上，风貌区以公园广场风貌为主，绿化良好，空间开阔，周围建筑多为现代风格建筑，而地下商业街以日式风格为主，融入许多日式元素。

2. 上海五角场地下空间

1）历史街区概况

五角场地区位于上海市中心城区东北部，杨浦区的中心属于江湾历史文化风貌区，五角场全称“江湾-五角场”。江湾历史文化风貌区南起国权路， 北至殷行路，东起中原路，西至国权路西段，总面积 457.22 公顷。五角场地区道路间距为 100 ～ 200 米，围合成小尺度的都市型街区。地下商业街位于淞沪路下方，淞沪路两侧建筑高度低于 50 米，空间较为开敞宽阔，建筑主要为现代化的写字楼和商业综合体，包括中环国际大厦、万达广场、合生汇国际广场、百联又一城购物中心等。

19 世纪 40 年代起，中国国门被迫打开，在其后的百余年里，上海的租界面积持续扩大。国民党政府将城市新区建在上海东北部, 并在 1929 年颁布的“大上海计划”（图 3-14）中，将五角场规划为上海市中心。1923—1930 年，五角场内与下沉广场

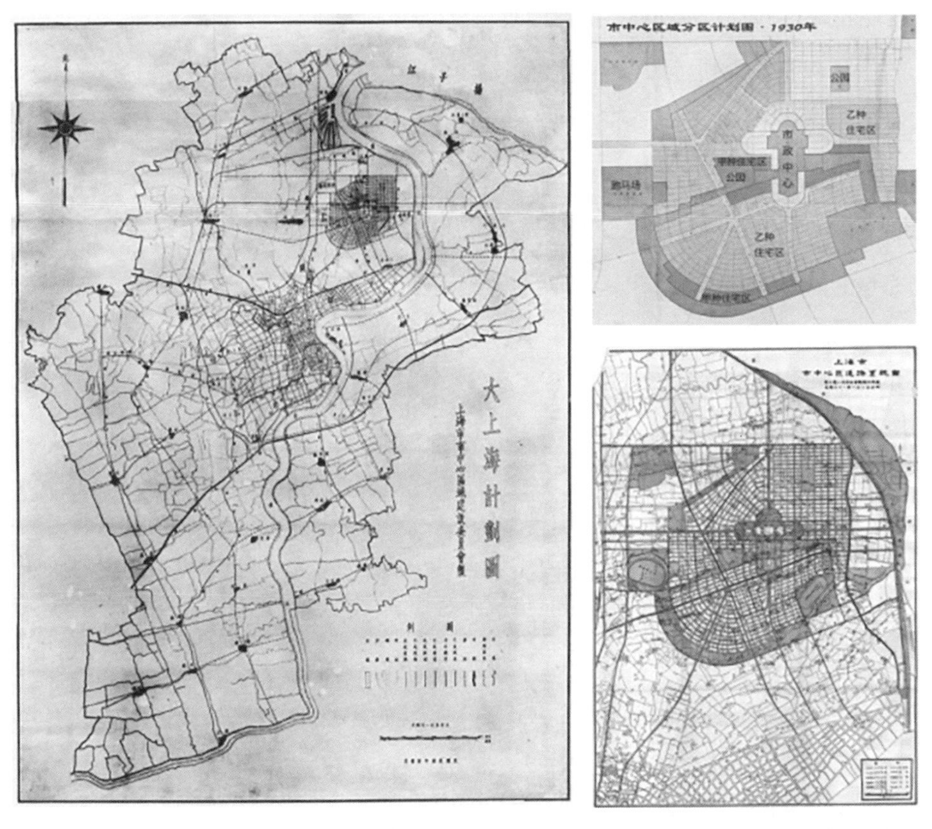

图 3-14　左为大上海计划图；右上为上海市中心区域分区计划图；右下为上海市中心区道路系统图

（来源：https://www.virtualshanghai.net/%E5%9C%B0%E5%9B%BE/%E6%94%B6%E9%9B%86）

连接的五条放射性道路依次建成，它们仿佛是中心圆岛伸出的 5 个角，所以称之为“五角场”。这五条干道在东南西北四个方向分别连接吴淞港、虬江码头、铁路总站、公共租界及西南区的外滩。五角场的规划参考了芝加哥、华盛顿等城市从市中心放射出多条直线型道路的空间特点。

除了“大上海计划”，当时政府还制订了上海市区域分区计划和上海市中心区道路计划（图 3-14）等，对铁路、港口等交通设施实行了系统规划，但规划尚未完成，战火已经蔓延。1932 年“一·二八”淞沪抗战爆发，北上海成为战区，杨浦、闸北等地损毁严重。“大上海计划”被迫停止，直到 1932 年停战后，该计划才继续实施，此后又陆续建成了上海市政大厦、江湾体育场、上海博物馆、图书馆等几大市政项目。

1937 年日军入侵，“大上海计划”再次被中断，日军在此计划基础上进行了修订，增加了许多亲日的内容，并于 1938 年 10 月发布了“上海大都市计划”。后至 1945 年日军投降，“大上海计划”最终没有施行。

1945 年抗战胜利后，为了战后重建与城市复兴，上海市政府设立上海市都市计划委员会，编制“大上海都市计划”。编制工作从 1945 年 10 月持续至 1949 年 6 月，历经大上海区域计划总平面初稿（图 3-15）、二稿、三稿。1950 年 7 月，时任上海市市长陈毅特予刊印三稿。“大上海都市计划”是上海结束百年租界历史后首次编制完整的城市总体规划，也是第二次世界大战后中国大城市编制的第一部现代城市总体规划。

2000 年五角场被《上海市城市总体规划（1999—2020 年）》确定为中心城四个副中心之一，功能定位为以杨浦知识创新区科教为特色，融商业、金融、办公、文化、体育、科技研发及居住为一体的综合性市级公共活动中心。2003 年江湾地区被市政府批准成为中心城区 12 个历史文化风貌区之一。2005 年，几乎同时开始的江湾历史风貌区保护规划和江湾-五角场城市副中心规划，在规划范围上存在重叠部分，从而不可避免地导致了保护与发展不协调的问题。在充分考虑了保护与发展的关系后，政府统筹考虑了规划理念、功能定位、空间布局等问题，最终提出了保护和更新“大上海都市计划” 现状遗存、延续“大上海都市计划”的设计理念，结合现状和地区发展需求，塑造城市空间格局完整和历史人文色彩独特的历史文化风貌区。在最新颁布的《上海市城市总体规划（2017—2035 年）》中，江湾-五角场作为 9 个主城

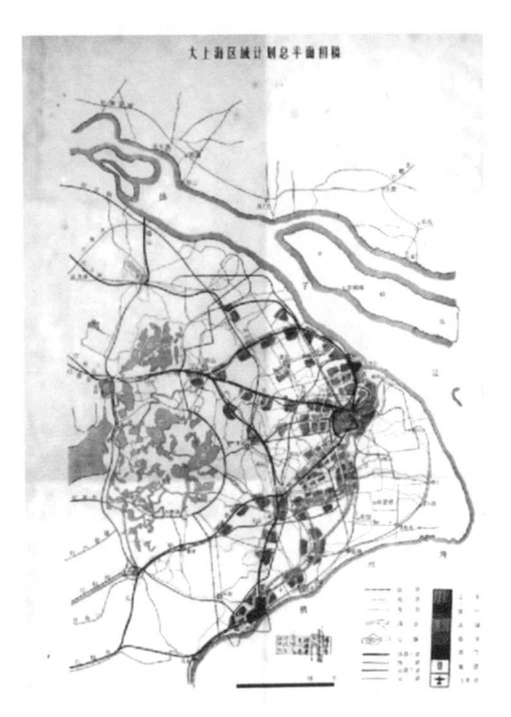

图 3-15　大上海区域计划总平面初稿

（来源：张玉鑫，熊鲁霞，杨秋惠，等．大上海都市计划：从规划理想到实践追求 [J]. 上海城市规划，2014（3）：14-20）

副中心之一，未来仍是发展建设的重点区域。

2）地下空间概况

五角场地下商业街（图 3-16）以五角场环岛下沉广场为核心，呈放射状连接五个地下商场，包括百联又一城、苏宁、悠迈、合生汇、万达，地下商业街向北侧延伸到太平洋森活天地地下商业街。沿着广场弧线形长廊边设有九个出入口，分别可到达邯郸路、黄兴路、四平路、淞沪路、翔殷路 5 条道路（图 3-17）。此外江湾历史文化风貌区交通便利，地铁 10 号线、8 号线、3 号线均可到达。

3）历史街区地上地下空间互动关系概况

空间上，从宏观角度而言，历史街区的空间肌理呈环形放射状，上海五角场地下商业街属于道路下型商业街，地下街顺应地面路网形成环形放射状平面结构，历史风貌区格局与地下商业街结构和谐一致。从建筑、出入口等微观视角来看，地下街与风貌区互动性良好。纵向上，地下商业街通过下沉广场形式、扶梯楼梯混合形式、

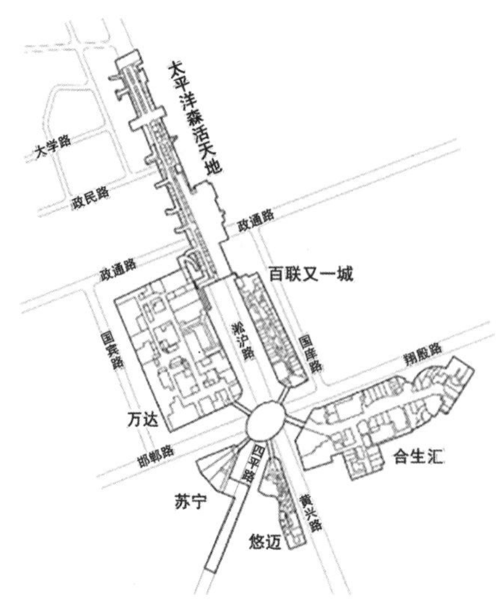

图 3-16　五角场地下商业街平面图
（来源：作者自绘）

图 3-17　江湾历史文化风貌区与地下商业街区位图
（来源：作者自绘）

单独楼梯与地面相沟通，核心节点空间通过下沉广场实现上下空间的连通。横向上，地下商业街与多处商业街建筑地下空间相连。

功能上，风貌区功能混合多元，以商业、商务与居住功能为主，居住功能面积占比较大，通过商业商务功能与地下街相隔。位于地下商业街周边的建筑以商业、商务建筑为主，兼容性好。

风貌上，江湾历史文化风貌区的风貌主要体现了中西文化与海派文化，对应建筑以现代建筑风格为主，地下商业街在设计上融入了许多未来感智能化的风格特点，与地面环境相呼应。

3.3 哈尔滨

3.3.1 历史街区概况

《哈尔滨历史文化名城保护规划》划定了 13 处历史文化街区和 9 处历史风貌保护区，并为它们分别划定了紫线和核心保护范围，确定了Ⅰ、Ⅱ、Ⅲ、Ⅳ类保护建筑。其中位于哈尔滨老城区的有 7 处，分别为中央大街历史文化街区、道外传统商市历史文化街区、红军街－博物馆历史文化街区、阿什河历史文化街区、花园街历史文化街区、圣·索菲亚教堂历史风貌保护区及铁路局历史风貌保护区。其中道外传统商市历史文化街区（图 3-18）的建筑多处于废弃状态，且基本未进行地下空间的开发；花园街历史文化街区（图 3-19）目前大部分建筑被围墙保护，未对外开放，且基本未进行地下空间的开发与利用；阿什河历史文化街区和铁路局历史风貌保护区（图 3-20）是以居住为主的历史文化街区，地下空间多以建筑地下室形式存在，地下公共空间较少。

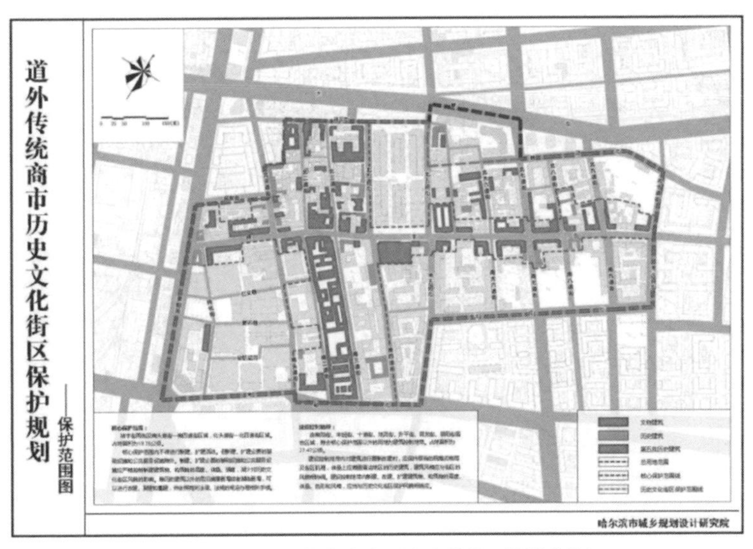

图 3-18　道外传统商市历史文化街区保护规划

（来源：http://www.harbin.gov.cn/index.html）

图 3-19　花园街历史文化街区保护规划

（来源：http://www.harbin.gov.cn/index.html）

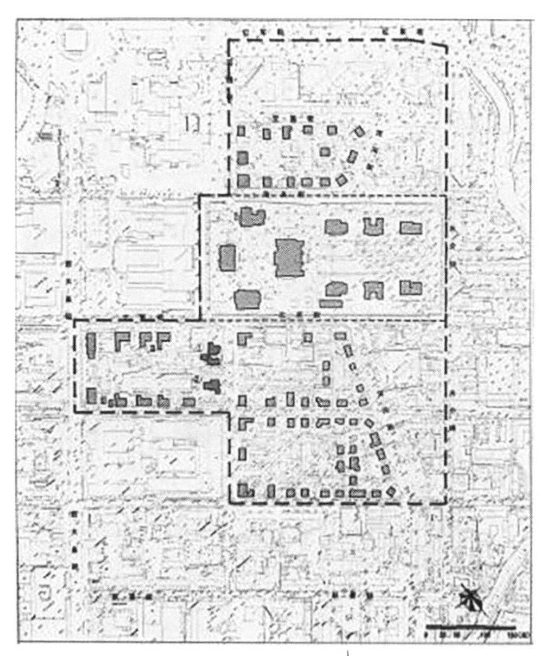

图 3-20　铁路局历史风貌保护区保护规划

（来源：《哈尔滨历史文化名城保护规划》）

3.3.2 地下空间的发展历程

1. 萌芽阶段

1949 年以前，哈尔滨的地下空间主要是以建筑地下室的形式存在，较少存在其他大规模的形式。哈尔滨冬季气温极低，寒冷干燥，每年末至次年初，哈尔滨都会遭遇寒风和冰雪的侵袭。寒地气候成为哈尔滨历史街区地下空间萌芽阶段的主导动力。根据加拿大 R. B. Crowe 和 D. W. Phillips 提出的“气候严酷性指数”可以看出，哈尔滨可称得上是世界上冬季气候极严酷的城市之一，世界部分城市冬季气候严酷指数见表 3-4。严酷的寒地气候对哈尔滨的交通状况、公共活动、能耗、景观等均造成了负面影响。

表 3-4　世界部分城市冬季气候严酷指数

城市	所属国家	冬季气候严酷指数
北京	中国	22
哥本哈根	丹麦	25
斯德哥尔摩	瑞典	36
札幌	日本	41
长春	中国	41
多伦多	加拿大	43
赫尔辛基	芬兰	48
蒙特利尔	加拿大	49
哈尔滨	中国	51
莫斯科	俄罗斯	52
温尼伯	加拿大	56
新西伯利亚	俄罗斯	59

来源：据冷红的《寒地气候宜居性研究》自绘。

地下空间的利用有效减少了能耗。雨雪、风霜、暴晒等极端天气对地面温度的变化影响较大，而对地下空间的温度变化影响较小。因此从现存历史建筑地下空间的情况来看，哈尔滨早已开始充分利用建筑的地下空间，或作为居住功能利用，或作为仓储功能利用，或提供公共活动空间。哈尔滨随处可见将一层抬高以用作居住、商业和仓储功能的半地下室，这能够在冬季大雪来临之际有效防止被门前积雪封堵出入口，同时也能够使半地下空间进行自然采光。

2. 规模化开发阶段

20 世纪 50 年代以前，哈尔滨历史街区地下空间未进行大规模的开发，建筑地下室点状分布在历史街区中。20 世纪 60 年代开始的以“备战备荒”为目的进行的人防工程建设是哈尔滨历史街区地下空间规模化开发的重大转折。如今哈尔滨历史街区地下空间已然形成了较大规模的地下空间体系。目前已形成的地下空间大多是在 20 世纪六七十年代人防设施的基础上改造利用的，占比最大的是地下商业街。因此，哈尔滨市老城区历史街区地下空间形态以线形为主。

3. 平战结合利用阶段

1969 年起，本着“人防建设与城市防卫建设”相结合的方针，哈尔滨进入了地下防空工程的大规模建设阶段，在此后的两年中，哈尔滨市共建成了 35 万平方米的地下防空工程。1973 年，哈尔滨开始建设贯通全市的地下防空通道，因正值建军节，故该工程名为“7381”工程（图 3-21、图 3-22），“7381”的建成意味着哈尔滨在地下空间的建设上取得了全新的重大突破。此外，还陆续开展了一系列平战结合工程的建设，包括地下医院、地下工厂、地下商业、地下仓库、地下停车、地下文化设施等。

图 3-21　哈尔滨市“7381”工程老照片
（来源：https://www.163.com/dy/article/FP8P1IUV054450TK.html）

图 3-22　哈尔滨市“7381”工程内部
（来源：https://www.163.com/dy/article/FP8P1IUV054450TK.html）

20 世纪 80 年代是哈尔滨人防工作进行战略调整的时期。此时人防建设开始为经济建设服务，哈尔滨市人民政府在《关于 1980 年人防战备工程任务的通知》中提出了“全面规划、突出重点、平战结合、质量第一”的人防建设十六字方针。因此历史街区的人防工程也在调整和整顿中逐步得到了改造和发展。1986 年起先后建成了龙防商城（秋林地下过街通道）、金街（图 3-23）、哈一百地下商场等地下商业步行街。20 世纪 90 年代，哈尔滨市南岗区陆续建成了国贸城及人和地下购物商城（图 3-24）、红博广场等地下街，并进行了哈尔滨站前广场地下空间开发，与此同时圣尼古拉教堂原址也实现了地下通车。

图 3-23　金街改造工程开业

（来源：董绍卿，赵鸿钧. 前进中的哈尔滨人防：1950—1995[M]. 哈尔滨：黑龙江人民出版社，1996）

图 3-24　哈尔滨国贸城及人和地下购物商城开业典礼

（来源：董绍卿，赵鸿钧. 前进中的哈尔滨人防：1950—1995[M]. 哈尔滨：黑龙江人民出版社，1996）

4. 再开发与复合化阶段

21 世纪时期，随着开发技术的进步，以及早期开发地下空间面临更新、扩建等需求，地下空间进入再开发阶段。20 世纪末期与 21 世纪初期，地下商业综合体的兴建、地下空间的深层的铁路建设、规模化的地铁与地下商业街及各功能之间的有效衔接，均得益于技术水平的提高。在历史街区，由于交通拥堵、功能单一、景观质量不佳等问题较为突出，文化环境的保护与城市商业、交通等的开发之间矛盾尖锐，地下空间逐渐走向复合化、多元化的开发利用。如红军街－博物馆历史文化街区建设了两条地下道路，有一条地铁线经过，建设有多处地下停车场，其中松雷购物广场的地下停车场可至地下四层。

5. 人性化提升阶段

目前哈尔滨历史街区的地下空间已经形成了一定的规模，在深度上也开发到了一定的程度，主导地下空间发展的因素已不再是单纯的气候因素。随着以人为本理念的倡导，地下空间的开发更加关注使用者的便捷性、舒适性等人性化功能的提升。在哈尔滨寒冷的冬季，地下步行网络体系的构建完善延长了地下可通行的距离，在功能方面正在逐步实现交通、商业、休闲、娱乐、餐饮等一体化发展，更多地满足居民的物质与情感需求。目前仍只有极少数历史街区中的局部节点的地下空间实现了交通与商业的一体化发展，绝大多数历史街区的地下空间仅停留在单一化商业开发阶段，但一体化利用势必将成为一种趋势。

3.3.3 历史街区地下空间特征

1. 步行交通网络化与便捷化

1）从彼此独立到逐步实现连通的发展规律

哈尔滨历史街区地下空间分布的演变规律可以总结为初期以点状形态散落分布在历史街区的地块内部；继而在地下人防工程的基础上，以线形街的形态进行规模扩展，形成网格状地下步行通道；随着城市更新步伐的加快，越来越多的商业综合体兴建起来，与地下街连通；最终不同的地下空间之间连通，逐步实现聚合，形成以网状为骨架，局部聚合为面状节点的地下空间形态，历史街区地下空间连通示意图如图 3-25 所示。

哈尔滨在大规模开发地下空间前，地下空间主要以建筑地下室的形式存在，因此主要是以点状的形态散落分布在历史街区内部。

哈尔滨市地下空间规模拓展的开端是人防工程的开发，人防工程的建设是使老城区内历史街区地下空间由点状散落分布转为线性拓展的转折点。20 世纪 60 年代起修建的人防工程除了少量建于学校等公共服务设施地下的情况，大多都是沿街道修建的，20 世纪 80 年代后期，地下商业空间的开发利用也是在地下人防工程的基

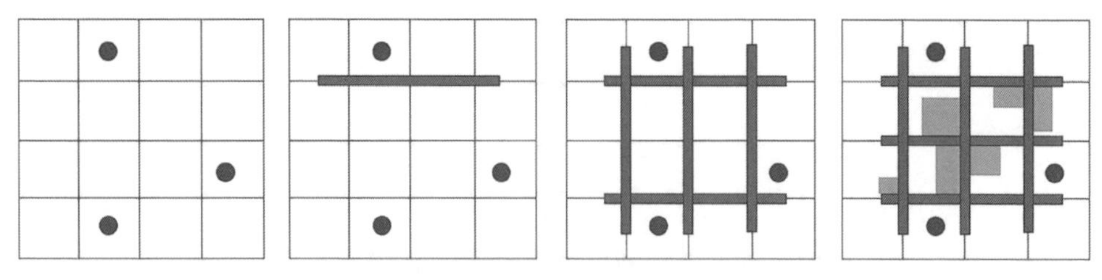

图 3-25　历史街区地下空间连通示意图

（来源：作者自绘）

础上进行的，因而人防工程的既有建设基础就直接决定了后期哈尔滨老城区内历史街区地下空间的分布形态必将以线形为主。随着历史街区内被开发利用的地下商业街越来越多，规模越来越大，逐步沿道路形成了地下步行网络。如红军街－博物馆历史文化街区主要形成了以大直街和果戈里大街为骨架，以花园街、建设街、国民街为补充的地下步行网络体系（图 3-26）。圣・索菲亚教堂历史风貌保护区则形成了以石头道街、兆麟街、透笼街、买卖街为主的地下步行网络体系（图 3-27）。

2）以人防工程为主体的地下步行交通体系初步形成

多年来哈尔滨地下空间逐步形成了以人防工程为主体的完整的地下步行交通体系。基于 20 世纪的人防工程建设及平战结合改造，历史街区内存在大量的由人防设施改造成的地下商业街，若能充分有效地利用历史街区地下公共空间，将对地上空间起到有效的协调和补充作用，并扩大公共活动的空间，促使历史街区真正承担起促进当代城市发展的职能。

红军街－博物馆历史文化街区就以松雷商厦、国贸城、龙防商城、人和商城等地下商场的形式形成了历史街区内庞大的以人防为主题的地下步行交通体系（图 3-28）。

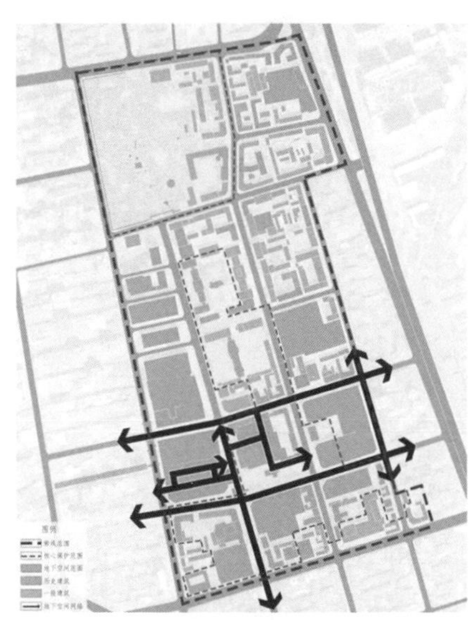

图 3-26　红军街－博物馆历史文化街区地下步行网络体系

（来源：作者自绘）

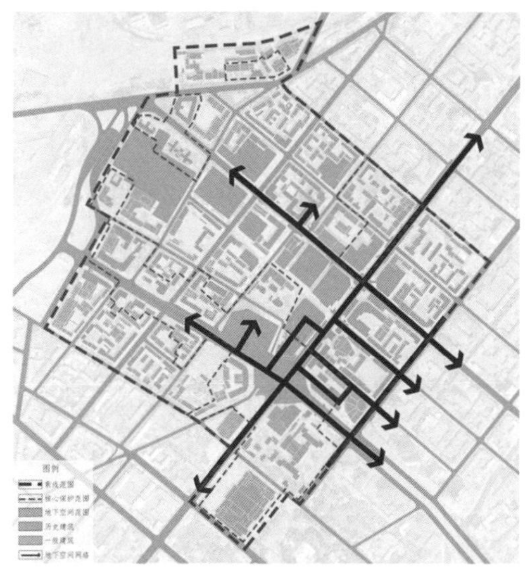

图 3-27　圣・索菲亚教堂历史风貌保护区地下步行网络体系

（来源：作者自绘）

围绕圣·索菲亚教堂历史风貌保护区则形成了以人和索菲春天、哈一百地下通道、人和春天购物广场为主体的地下商业步行体系（图 3-29）。

3）未来将呈现交通网络化、便捷化的发展趋势

在宏观层面上，基于对发展历程的梳理，哈尔滨历史街区地下步行交通已基本实现了独立单体步行体系，并呈现出网络化的发展趋势，未来地下商业街和周边的地下商城、地下停车之间会逐步实现连通，形成更便捷的步行交通体系。从微观层面来讲，地下街的内部交通包括上下层之间的垂直交通联系、横向空间可达性，以及地下空间与地面的交通联系等也会逐步受到重视。

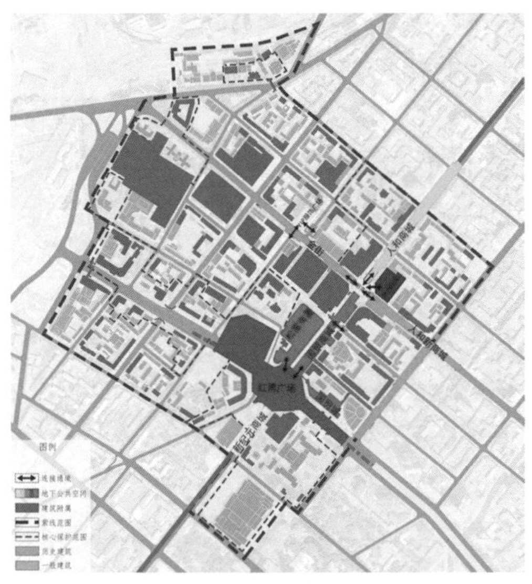

图 3-28　红军街－博物馆历史文化街区地下步行交通体系

（来源：作者自绘）

图 3-29　圣·索菲亚教堂历史风貌保护区地下商业步行体系

（来源：作者自绘）

2. 空间层次多样化

1）地下室—地下街—地下综合体的发展规律

哈尔滨历史街区地下空间在空间发展方面经历了由地下室发展到地下街最终发展成为地下综合体的过程（图 3-30），地下空间的空间类型越来越丰富。

早期哈尔滨的地下空间以建筑地下室的形式存在，尽管已拆除的建筑的地下空间情况已经无从考证，但是现存的老建筑中，从建设之初就一直建有地下空间的老建筑仍占据了一定比例，因此，建筑地下室是 1949 年之前哈尔滨地下空间的主要形式。

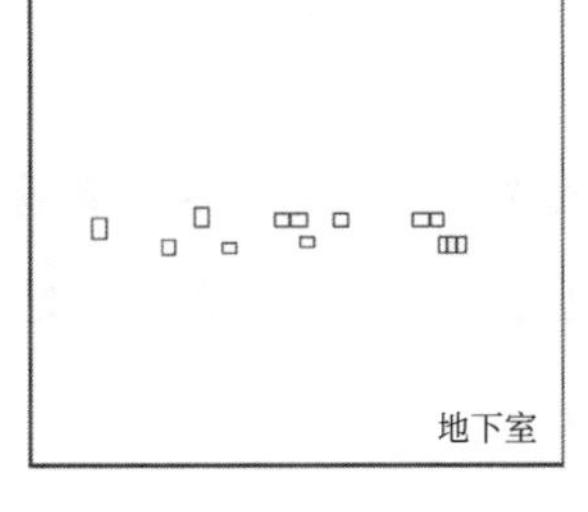

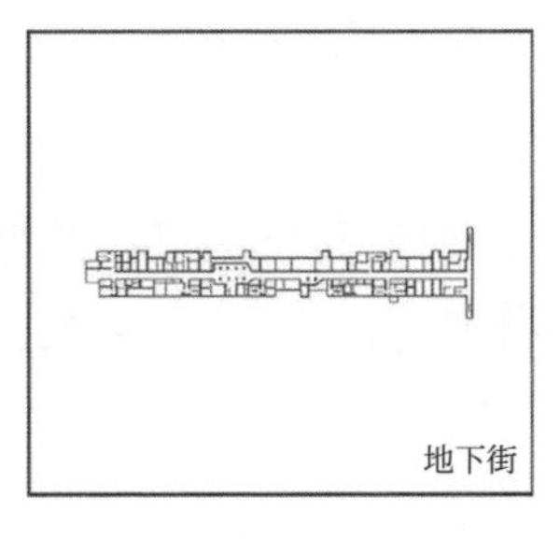

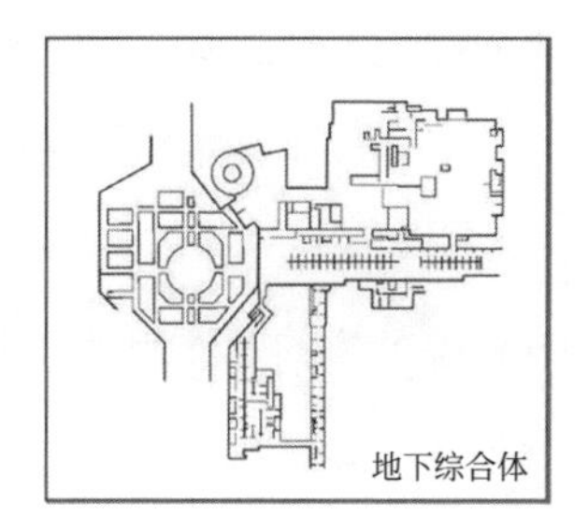

图 3-30　哈尔滨历史街区地下空间的发展过程

（来源：作者自绘）

20 世纪 60 年代，出于“备战备荒”等目的，市域范围内修建了大量地下人防工程，其中诸多人防工程位于历史街区内部；20 世纪 80 年代起，随着平战结合方针的提出，果戈里大街下方率先修建了全国范围内第一条人防工程改造的地下街——金街，这标志着哈尔滨地下空间的利用形式从建筑地下室转为地下街。此后，红军街－博物馆历史文化街区内相继建设了人和商城、国贸城、新纪元品牌街等地下商业街，圣·索菲亚历史风貌保护区内相继建成了联升广场、人和春天购物广场、人和春天新地等地下街，中央大街历史文化街区内相继建成了原宿春天、金帝商城等地下街。地下街成为哈尔滨历史街区内地下空间的主要形式。

21 世纪以来，随着地铁的建设，不少历史文化街区地下逐渐形成了集地铁、娱乐、商业、停车等功能于一体的地下综合体，如红军街－博物馆历史文化街区内地铁 1 号线博物馆站周边地区。圣・索菲亚教堂周边也形成了以圣・索菲亚教堂广场为核心的地下空间步行网络，其功能以商业为主。随着地铁 2 号线的建成，以及地铁站周边地下空间的开发利用，未来圣・索菲亚片区与中央大街南部势必会与当前的地下空间网络连通，形成以地铁站点为基础的功能一体化的地下综合体。

2）当前地下空间形态以线形地下街为主

地下公共空间是在既有人防工程基础上加以改造利用形成的空间，人防工程需要更加封闭以达到防护的目的，这就限制了将其改造为日常活动空间的使用。街区内人防工程大多建于道路下方，因而哈尔滨历史街区地下空间的形态多为线形的地下街。由于人防尺度的限制，多数地下街空间组织较为简单，多呈现中间为通道、两侧为店铺的形式，因而不易形成丰富的空间界面及富有序列性的空间结构，金街平面图及人和商城平面图如图 3-31、图 3-32 所示。

3）未来哈尔滨历史街区地下空间的空间层次将趋于多样化

宏观层面上，哈尔滨历史街区地下空间经历了从地下室到地下街再到局部形成商业综合体的发展历程，由此可以看出，地下空间形态整体上从单一的空间逐步发展为复合的空间，未来哈尔滨历史街区地下空间形态会更加多元。从微观层面来讲，随着哈尔滨历史街区地下空间的体量不断增大、总体形态不断丰富，其内部的空间形式、功能形态亦应随之更加丰富。

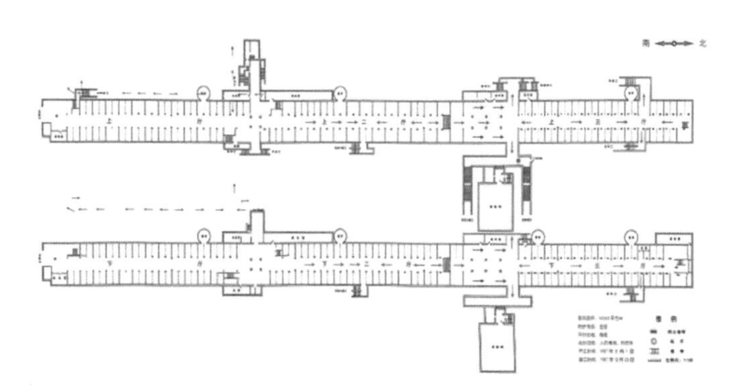

图 3-31　金街平面图

（来源：作者自摄）

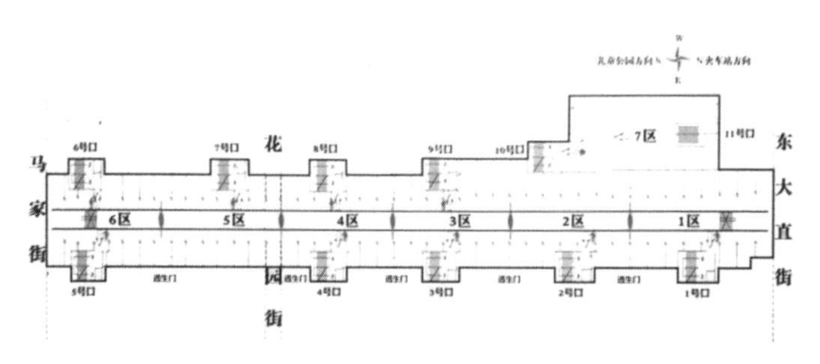

图 3-32　人和商城平面图

（来源：作者自摄）

3.4 西安

西安是有着1,100多年历史、曾经为十三朝首都的历史文化名城，保留了阿房宫、汉长安城、未央宫、大雁塔、小雁塔、兴教寺、鼓楼和大明宫遗址等一系列历史名胜。为了保护城市历史遗迹、城市风貌、城市特色与城市格局，防止文化遗产破碎化、边缘化，解决高密度城区交通问题，西安将地下空间的开发作为突破城市发展瓶颈的关键手段。

3.4.1 西安市地下空间开发现状

西安市地下空间最初的开发利用形式为人民防空工程，经过20世纪70年代初期至今50余年的发展，西安市地下空间的开发利用类型不断丰富、利用形式也日趋多元化（洪增林，2019），目前已经进入实践和规模化阶段（王化齐等，2019）。

西安在地下空间相关法律法规的建构上也日趋完善，西安历年地下空间开发相关政策文件解读如表3-5所示。2014年，西安出台了《西安市地下空间开发利用管理办法》，制定了《西安市城市地下空间利用体系规划及开发利用规划设计导则》，2016年市政府审议通过《西安市城市地下综合管廊规划》并组建了西安市地下空间开发利用管理工作领导小组，2017年出台了《西安市城市地下综合管廊管理办法》。2018年《西安市进一步加强重点历史文化区域管控疏解人口降低密度的规划管理意见》单独列出一节，针对地下空间利用提出了相应指导意见。2019年通过的《西安轨道交通与城市融合设计导则》，强调了地下轨道交通开发与周边地下空间的业态统筹。2021和2022年又针对地下管廊开发在2017年文件基础上修订颁布了《西安市城市地下综合管廊条例》和《西安市城市地下管线管理办法》，与时俱进地增添了新的内容。

表 3-5 西安历年地下空间开发相关政策文件解读

年份	类别	文件名称	主要内容	备注
2014	总体指导	《西安市地下空间开发利用管理办法》	规定了西安市地下空间开发和规划的原则、产权与使用权的登记管理等内容。西安市地下空间将实行有偿有期限的竖向分层、横向连通、地面与地下协调配合的立体综合开发利用	地下空间相关法律法规“四梁八柱”的搭建。开发利用地下空间，促进土地的节约集约利用
2016	机构组建	《关于成立西安市地下空间开发利用管理工作领导小组的通知》	贯彻执行国家、省相关法律法规和方针政策；指导西安市地下空间规划的编制，研究制定总体规划，促进地下空间的开发与利用工作；组织协调各成员单位做好职责范围内的城市地下空间开发利用工作	专门管理机构的组建
2017	基础设施	《西安市城市地下综合管廊管理办法》	规定了西安市地下综合管廊的规划与建设原则，以及运营与管理方法，鼓励社会资本参与综合管廊建设和运营	有效性：已废止
2018	历史地区	《西安市进一步加强重点历史文化区域管控疏解人口降低密度的规划管理意见》	进一步疏解中心城区过密的建筑和人口，推进中心城区城市修补和城市更新，延续城市文脉、保护文化遗产、树立城市形象，打造具有东方神韵的世界一流旅游目的地和中华文化精神标识地	针对历史文化地区地下空间利用提出了相应指导原则，鼓励地下开发利用，保障公共利益，提倡建设地下综合功能区
2019	交通设施	《西安轨道交通与城市融合设计导则》	以《城市轨道交通沿线地区规划设计导则》《西安市城市轨道沿线地区规划设计导则》为基础，指导西安市轨道交通车站及相关接驳设计	强调地下轨道交通开发与地下空间的业态统筹
2021	基础设施	《西安市城市地下综合管廊条例》	在过去基础上强调了公众参与、国土空间规划、城市更新等内容，强调地下空间的集约利用、创新综合管廊投融资模式，同时规定综合管廊实行工程质量终身负责制	删除原条例中的“管理”二字，拓展条例内涵，与时俱进增添了新的内容
2022	基础设施	《西安市城市地下管线管理办法》	明确地下管线管理原则，明确审批监管权责，强调对地下管线的日常管理与维护，增添了地下管线的地理信息管理	明确提出地下管线建设单位不得挖掘敷设地下管线的情形

来源：作者整理。

3.4.2 旧城中心地带下沉式广场建设

钟鼓楼是西安的标志，位于西安旧城中心，钟鼓楼广场位置图如图 3-33 所示，鼓楼始建于 1380 年，钟楼始建于 1384 年。钟鼓楼周边聚集了大量传统商业业态，是市民的活动中心，富有活力。钟鼓楼广场分别经过 1953 年、1983 年、1995 年三次规划改造。1953 年版方案拟分别建设两个广场并强调公共建筑的建设，相继建立了邮电大楼和钟楼饭店；1983 年版方案强调钟楼、鼓楼之间视线通廊的营造，严控附近的建筑建设，并将 1953 年方案中两个广场合二为一，该版规划由于资金问题未能实施；1995 年版方案延续了 1983 年版方案的基本格局，在广场北侧增加了步行商业街，并在广场下进行了地下空间开发，钟鼓楼广场鸟瞰图如图 3-34 所示。

西安钟鼓楼广场主体占地 9,425 平方米，东西长 144 米，南北宽 64 米，通过营造两楼之间的视线通廊突出历史景观效果；通过营造供市民游憩的文化广场提升了市中心的环境品质；通过就地安置名牌老店，以及新增现代化、高档次的商业设施，在解决改造资金来源的同时满足了市民的购物需求；通过地下空间的综合开发满足了市中心的人防需求。多措并举，提高了市民生活质量，活化了历史遗产，增强了城市特色。钟鼓楼广场功能分区如图 3-35 所示，广场接近钟楼盘道的三角地段设计为 6,274 平方米的下沉式广场，通过 58 米宽的大台阶与西北侧人行道直接相连，并且设置的两个地下通道入口分别与北大街、西大街地下通道相连。广场北侧沿东西轴线设置一条宽 10 米、长 144 米的下沉式步行商业街，东连下沉式广场，西设可供消防车行驶的坡道，与鼓楼盘道相连。广场以西设小型地面停车场与地下车库入口通道。广场范围除小型停车场范围没有地下建筑，其余均布置了 1 ～ 2 层的地下商业建筑，总面积为 31,386 平方米。立体化的开发模式缓解了文物保护与城市发展之间的矛盾，人车分行改善了附近交通混乱的状况。以钟鼓楼广场为中心，南连南大街、

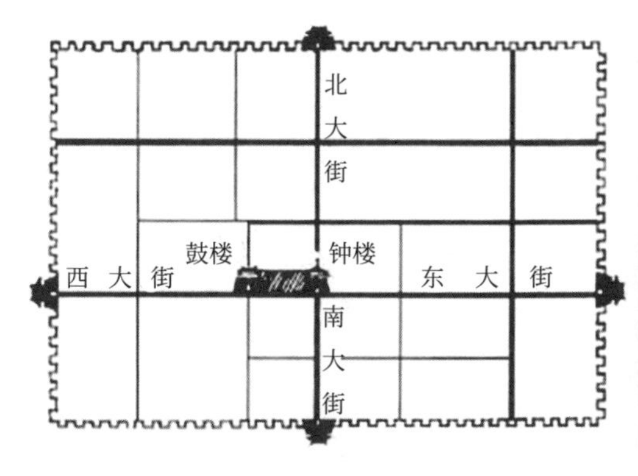

图 3-33　西安钟鼓楼广场位置图

（来源：张锦秋 . 晨钟暮鼓 声闻于天——西安钟鼓楼广场城市设计 [J]. 城市规划，1996（6）：36-39）

图 3-34　西安钟鼓楼广场鸟瞰图

（来源：https://baike.baidu.com/item/%E9%92%9F%E9%BC%93%E6%A5%BC%E5%B9%BF%E5%9C%BA/66031）

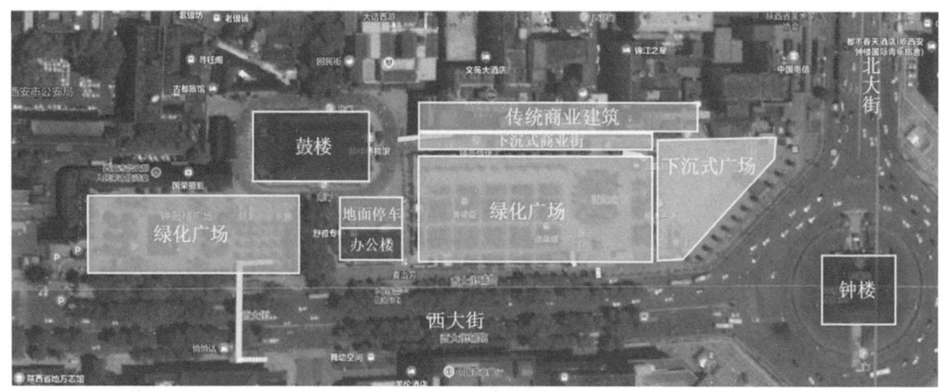

图 3-35　西安钟鼓楼广场功能分区
（来源：作者自绘）

书院门、碑林，北至北院门、化觉巷清真寺，组成了一个步行体系，这成为西安市古都文化带的枢纽（张锦秋，1996）。

3.4.3　城市历史地区地下交通建设

2006 年西安开始建设地铁 2 号线，2009 年开始建设地铁 1 号线，这两条线路均在建设五年后通车，1、2 号地铁线路的成功通车标志着西安地下交通网络骨架初步搭建完成，西安进入了“地铁时代”。根据《西安市城市轨道交通第三期建设规划（2019—2024 年）》，本轮规划实施后，西安将建成 12 条轨道线路，总长约 423 千米。西安历史城区范围为西安城墙及其内部区域，1、2、4 号地铁线路均通过了历史城区，并在历史城区内设有五个站点，分别为洒金桥站、北大街站、五路口站、钟楼站和大差市站（图 3-36）。西安轨道建设要符合历史城区整体格局，保护历史轴线上的历史遗址，遵循原有历史空间

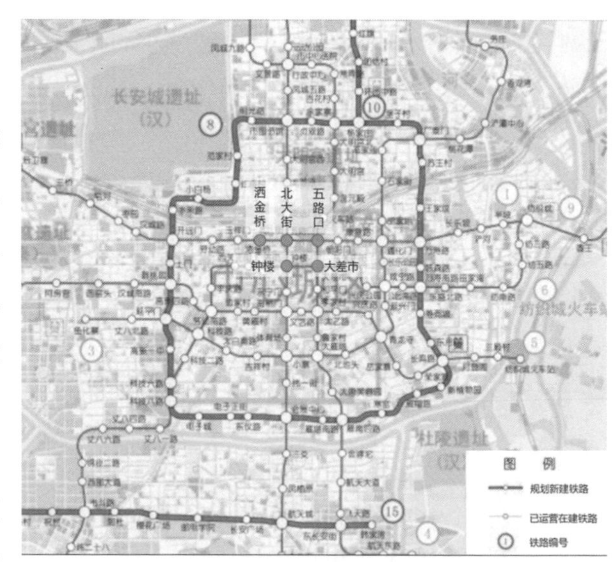

图 3-36　西安历史城区内设的地铁站点
（来源：改绘自《西安市城市轨道交通第三期建设规划（2019—2024 年）》）

的特色和尺度。轨道站点周边应严格保护历史地段的街巷格局并控制建筑高度。

相比其他城市，西安地铁一直发展较慢，面临更多挑战。作为十三朝古都，西安地下古墓众多。例如西安机场线，从 2011 年到 2019 年修建了九年才开通，施工周期如此长的原因在于施工期间挖到多处古墓，包括 9 座帝王陵墓、两处秦代遗址，以及一些隋唐墓葬。

西安地铁是全国唯一实行“一站一标”的城市地铁站，站内环境设计“一站一面”各不相同（孙嘉林，2021）。地铁站内的环境设计注重对中国传统文化要素的概括和提取，运用壁画、吊顶、立柱和标识表现每一个站点的文化主题，精心打造城市特色名片。同时，西安地铁站的命名也体现了文化价值的传承。例如 5 号线的西马坊路就运用了历史老地名，秦汉唐宋时期这里就是养马处。如今西马坊村虽已拆除，但在地名上保留了城市独特的历史文化记忆，防止现代城市的快速发展造成城市历史的断代。

西安历史地区地下空间的建设也带动了地上空间的改造，西安南门广场的综合提升改造工程就是典型的范例，被誉为一次老城复兴的“心脏搭桥手术”（赵元超，2015）。随着西安首条地铁成功穿越南门的地下空间，南门面临着综合提升的机遇。西安南门地区被东南向环岛的快速交通分割成孤岛，东南向交通将老城与新城割裂开，城市的连续性与完整性受到破坏，西安南门广场与西安老城区位置关系图如图 3-37 所示。该工程秉持以人为本的理念，通过疏解交通、人车分流，建立了便捷高效的步行系统，旨在打造新的城市休闲文化空间，加强新城老城的沟通。

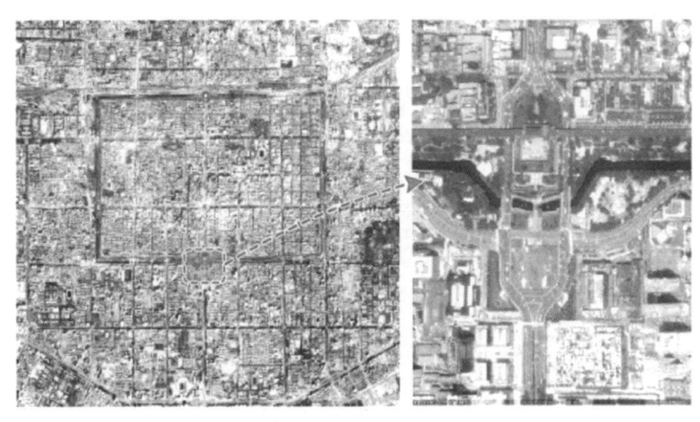

图 3-37　西安南门广场与西安老城区位置关系图

（来源：赵元超．一次老城复兴的“心脏搭桥手术”——西安南门广场综合提升改造工程概述 [J]. 建筑设计管理，2015, 32（7）：8-12）

在改造之前，南门地下 12.5 米处已建设有地铁，因此新建地下交通空间必须在原有基础上进行改造。在车行方面，通过合理安排地下空间立交组织南来北往、东西穿行的机动车交通。在人行方面，设计了七组地下通道并连接地铁出入口、地下停车场及商业步行街，使行人可以无障碍穿行到达。中心广场的地下式两层地下车库，实现了地上地下交通的零换乘。

南门地上空间在保护历史环境与整体文化氛围的基础上，设计了四组新的游客服务设施，加强了古城记忆。为了凸显南门城楼完整的天际线，以小体量分散建筑为原则，构建了两组与西安城墙城楼同源同构的传统园林——苗园与松园，通过近 500 米长的半地下风情街连接地下中心广场和东、西两园。南门广场苗园东南向鸟瞰、南门松园与半地下商业街，南门广场鸟瞰图如图 3-38 至图 3-40 所示。

图 3-38　南门广场苗园东南向鸟瞰

（来源：赵元超．一次老城复兴的“心脏搭桥手术”——西安南门广场综合提升改造工程概述[J].建筑设计管理，2015, 32（7）：8-12）

图 3-39　南门松园与半地下商业街

（来源：赵元超．一次老城复兴的“心脏搭桥手术”——西安南门广场综合提升改造工程概述[J].建筑设计管理，2015, 32（7）：8-12）

图 3-40　南门广场鸟瞰图

（来源：赵元超．一次老城复兴的“心脏搭桥手术”——西安南门广场综合提升改造工程概述[J].建筑设计管理，2015, 32（7）：8-12）

4

历史地区地下空间整体利用的约束限制

历史地区地下空间整体利用最核心的问题是如何将地上地下要素整合起来，传统的“两层皮”发展模式存在的主要问题是未能充分考虑地面对地下的影响与制约因素，且历史地区的保护特性对其地下空间利用提出了更多要求。因此对历史地区整体利用的研究应当在充分认识历史地区地下空间整体利用约束限制条件的基础上进行。历史地区地上地下空间综合利用的约束限制因素包括城市地下空间利用基础性约束因素，以及历史地区所具有的有别于城市其他街区的保护约束限制因素。

4.1 历史地区地下空间利用的基础性约束限制

历史地区地下空间利用的基础性约束限制因素指所有地下空间在利用开发时都可能出现的一些约束限制条件，主要包括自然地理条件约束、城市外部条件约束、政策法规约束及交通条件约束四个方面。

4.1.1 自然地理条件约束

自然地理条件是指地质、水文、气候、地形等，它们作为人类赖以生存所必需的生存环境，对城市地下空间开发的影响较大。不同自然地理条件下城市地下空间开发的难易程度与方法不同。

1. 地下环境条件

地质、水文等地下环境条件是地下空间开发的基底，是决定历史地区地下空间开发工程可实施性、安全性、经济性的重要因素（曹亮，2012）。

不良的地质状况会严重影响地下空间的发展，在增加经济成本的同时也给施工建设活动增加诸多困难，给地下工程带来极大的安全隐患。地质灾害、上层软土分布、下层土体稳定性与均匀性等均是地下空间开发过程中需要注重的地质因素。

水文情况同样制约地下空间的开发。地下水是地下空间中一种比较活跃的物质类型，它的赋存条件、运动条件、物质组分条件等对地下空间的安全规划、设计、建设、运行、维护等都会产生一定的影响。地下水腐蚀渗透、地下水埋深、含水岩组分类型、富水性、地下潜水、承压水，以及与地表水体的距离等是影响地下空间开发和利用的重要因素。

基于地质、水文等地下环境影响因素对地下空间的强影响性，在历史地区地下空间开发过程中需要对地下空间资源进行质量评估（黄卫平等，2018）。地下空间适宜性评价是对地下空间资源潜力的一种定性评价，通过分析地下空间资源的分布状况、资源潜力状况，以及制约地下空间资源开发利用的各种因素，确定地下空间开发利用的适宜性。目前，我国许多大、中型城市已开展了对地下空间开发利用适宜性评价的研究，不同的城市地质条件、发展状况等客观条件各不相同，评价方法和指标也各不相同，需要根据实际情况因地制宜地评估分析。

2. 气候条件

气候条件，尤其是极端温度等极端天气，对地下空间的开发起到了一定的促进作用，由于地下空间具有保温隔热等优点，在外部天气恶劣时仍然能够满足人的使用要求。很多具有极端天气的城市为了阻隔地面环境而进行了地下空间开发，如澳大利亚的 Coober Pedy 地下城。

Coober Pedy 是一个真正意义上的地下城，其地表温度夏天可达 50 ℃，是极干燥的一片土地，冬天温度又急剧降低，气候条件十分恶劣。在这里生活的大约有 2500 人，大约有 60% 的人生活在地下，他们来自第二次世界大战时的南欧和东欧等多个国家，在地下组成了不同的社区。他们的地下居住构筑物被称为“Dugout”，能够很好地调节温度，室内温度全年能够保持在 19 ～ 25 ℃，因此当地的矿工在最初发现地下矿洞居住的优势后一直居住至今。Coober Pedy 地下城地下居住构筑物如图 4-1 所示。

3. 地形坡度条件

城市的地形坡度条件是地上空间发展的重要制约因素，它对地下空间与地面空间的连接形式，以及地下空间的开挖方式有一定的影响。在坡度大的山区、峡谷地带，地下空间的开发与建设存在一定的困难，但是在城市地下空间发展中城市的地形起伏变化恰恰也是地下空间开发具有潜力的地方。从城市宏观角度来看，山地、丘陵等空间是城市未来地下空间开发道路隧道、仓储、半开放式建筑的重要选择。从城市街区内部来看，历史地区在地下空间开发时应该规避地形起伏变化带来的排水问题，同时合理利用街区内部的地形变化，丰富地下空间利用类型。

图 4-1　Coober Pedy 地下城地下居住构筑物

（来源：https://www.mafengwo.cn/gonglve/ziyouxing/149338.html?ivk_sa=1024320u）

1）宏观地形条件对地下空间开发的影响

对地形起伏变化较大的城市，规划者需要在地形地貌开发适宜性评价的基础上分类利用。通过功能的置换迁移，对城市地形的再利用可以创造出新空间，例如香港大学将海水配水库迁移至岩洞中，将被岩洞置换出的用地更新为其他功能空间。除了高效利用用地外，还可以保护环境、提供稳定安全的环境，且还可以为地下空间提供灵活的设计及扩展方式。

香港《岩洞工程指南》第四册《岩土指南》是在 1992 年版本基础上结合世界各地的先进经验修改而成的，在指南中提出香港岩洞开发适宜性示意图（图 4-2），除此之外还提出“岩洞总纲图”，以指导全港岩洞的策略性开发（图 4-3）。

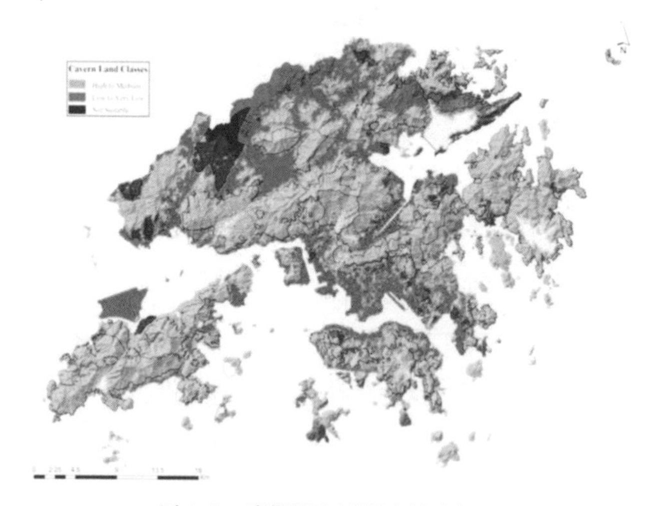

图 4-2　香港岩洞开发适宜性示意图

（来源：https://www.cedd.gov.hk/filemanager/eng/content_112/eg4_20180102.pdf）

图 4-3　香港岩洞总纲图

（来源：香港特区政府网站 https://www.cavern.gov.hk/cmp_sim.html）

2）微观街区内部地形坡度对地下空间开发的影响

历史地区内部地下空间利用时需要充分考虑地形坡度对地下空间的影响，地下空间在地面的主要表现形式为出入口，在选择出入口的位置时需要注意避开街区的汇水点，防止出现雨水倒灌现象。

历史地区地下空间使用时需要因地制宜，充分利用街区内部的地形坡度，从地下与地上连通方式来看，街区内部坡度对地下空间来说是有利条件，可以结合不同坡度创造出丰富的地下空间，增加地下空间与地上环境的接触面。

4.1.2　城市外部条件约束

1. 地下空间开发技术

1）地下空间开发施工技术

地下空间开发施工技术是地下空间利用的客观制约条件，除施工安全外，历史地区街区环境、历史保护建筑的安全是地下空间开发利用的首要条件。目前历史地区保护建筑的利用方式主要包括原位地下空间利用及邻近历史保护建筑地下空间利用（马跃强，2014），如上海爱马仕项目，其开发施工技术图如图 4-4 所示。日本、法国等国家在地下空间开发利用技术上较为先进，尤其是日本，其建筑与我国历史

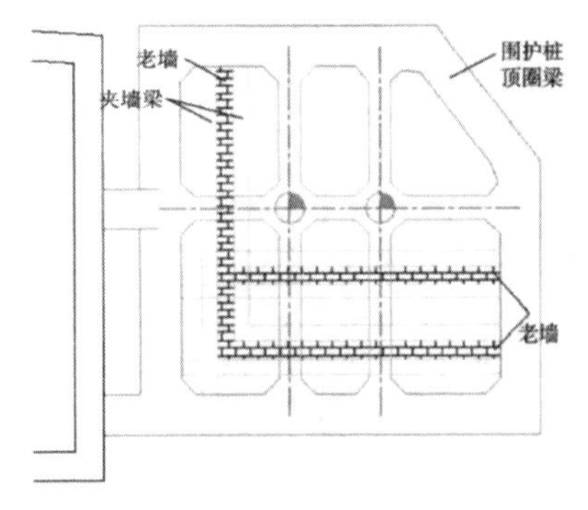

图 4-4　上海爱马仕项目开发施工技术图

（来源：马跃强．历史保护建筑区域地下空间开发技术研究 [J]. 上海建设科技，2014（2）：22-24）

地区建筑具有一定的相似性，且日本地震多发，在建筑抗震施工上有地基改良、抗震加固、地下腔填充、高强度高质量混凝土利用等方法。

2）新型科技手段的使用

除对地下空间施工技术的不断探索外，利用 GIS（地理信息系统）、BIM（建筑信息模型）技术探索历史地区地下空间也是地下空间研究的方向与趋势。GIS 在地下空间资源评估与开发适应性上具有重要作用，BIM 技术则在前期模型分析、施工过程调整及成本核算控制方面发挥着重要作用，运用新型技术手段有利于历史地区地下空间可视化、智慧化、数字化实施与调整（图 4-5）。

图 4-5　BIM 技术可视化

（来源：https://www.sohu.com/a/509315434_121123829）

2. 城市经济发展水平

城市经济发展水平对地下空间的利用有重要的影响，城市整体经济发展水平为城市地下空间利用提供财政支撑。《房地产经济词典》将土地价值定义为地租的实体，地租是土地价值的转化形式。土地价值可以体现城市的经济发展水平，以及城市中不同区位的土地价值，土地价值越高，对地下空间的需求越高，地下空间利用的可能性越高。

通过分析地价与地下空间利用面积的关系，可以侧面反映地下空间利用与土地价值之间的关系。名古屋是日本著名的历史名城，其历史久远，地下空间利用规模较大，结合轨道交通设置的地下街是地下空间利用的重要方式。从名古屋地下街周边平均地价、占地面积及商业设施面积（表 4-1）来看，地下街占地面积、商业设施面积与周边平均地价变化趋势大致相同，地下街的建设规模与地上土地价值之间存在难以割舍的关系。

表 4-1　名古屋地下街周边平均地价、占地面积及商业设施面积

地下街名称	周边平均地价 /（万日元 /m^2）	占地面积 /m^2	商业设施面积 /m^2
名站地下街	356.99	10,755.940	4,585.759
名古屋伏见地下街	197.75	2,712.30	1,014
名古屋中央公园地下街	577.00	55,732	10,250
名古屋森地下街	373.33	12,998	4,680
名古屋大曾根地下街	50.10	12,776.43	1,144.38
金山地下街	89.73	696	363
千种地下街	62.52	812	425
今池地下街	42.48	1,194	606

来源：作者自绘。

历史地区的土地价值模型也应当从二维向三维转变，即从二维土地利用模型向三维土地价值模型转变，在对地下空间进行整体利用时，城市的土地价值模型应当摆脱传统的土地价值模型，采用三维土地价值模型（图 4-6）。

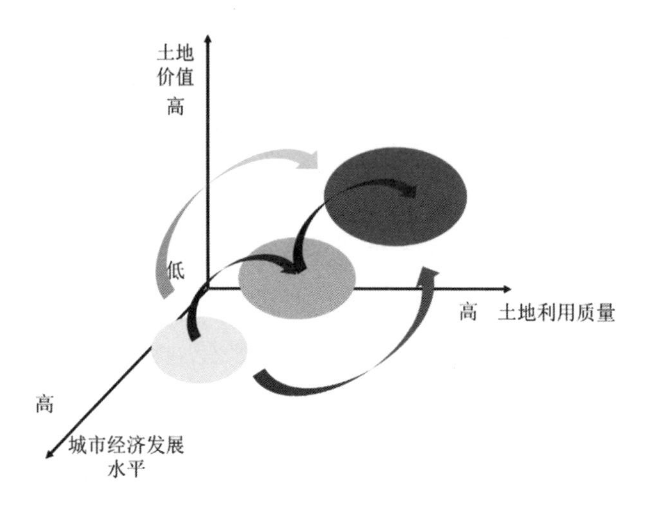

图 4-6　三维土地价值模型

（来源：作者自绘）

在相同地下空间开发规模下，土地价值越高（需求潜力大），投资成本效率越高。然而，地下供应能力也是地下复杂工程经济可行性的重要制约因素。地下土地质量水平较低，使得总建设成本显著增加，即使没有征地成本也无法提高其财务绩效，即地下土地质量和价值越高（供给潜力大），城市经济发展水平越高，地下空间利用的财政支撑力越强（实施性越高）。

城市地下空间利用的开发成本与建设费用是地面的好几倍，但可以通过增加整体容积率来弥补地面高昂的地皮价格劣势，而历史地区地下空间成本比城市其他区位更高，因此在整体利用过程中需要选择三维土地价值高的土地来进行利用，以获得历史地区地下空间可持续发展的动力。

4.1.3　政策法规约束

1. 物权法

地下空间开发需要立法保证。历史地区用地功能和产权复杂，因此明确地下空间产权将是推动地下空间开发的重要动力。地下空间的所有权、使用权与地上空间的所有权、使用权密切相关，不同国家和地区已经制定了相关政策来明确地下空间的使用权与所有权，根据地面土地利用的需要在一定深度内使用地下空间。

伦敦、赫尔辛基、东京、大阪、新加坡等多个国家和地区对地下空间的私人属性和公共属性进行了规定：伦敦地上地下空间均属私人所有，但是煤、石油、天然气、白银和黄金及地下水等其他潜在资源除外；新加坡及东京等地区通过控制地下利用的深度来规定地下空间所有权，地下空间权属应当明确地下空间使用权与所有权，以及地下空间资源所有权，以避免在利用过程中产生麻烦，同时也避免地下项目因为需要征求地上居民的意见而产生的阻碍，有利于地下公共设施的建设与实施（图4-7、表4-2）。

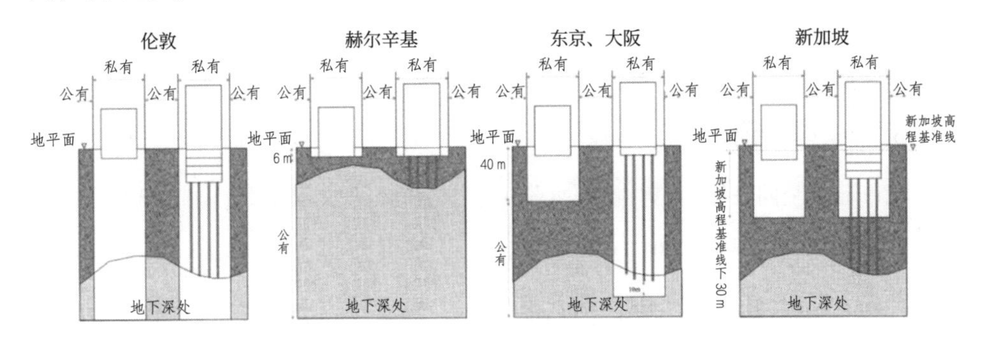

图4-7　伦敦、赫尔辛基、东京、大阪、新加坡地下空间所有权

（来源：STONES P，HENG T Y. Underground space development key planning factors[J]. Procedia Engineering, 2016, 165: 343-354）

表4-2　不同国家地下空间所有权

	伦敦	赫尔辛基	东京	新加坡
所有权	地面到地下的空间私有	低于地面6米深度范围内私有	地面以下40米或最深桩深以下10米深度公有	新加坡高程基准线（SHD）以内30米私有
备注	煤、石油、天然气、白银和黄金及地下水等其他潜在资源除外	未有法律规定，是约定俗成的，如果超过这个深度需要申请建筑许可	精简了公共服务网络，如道路、地铁和下水道系统的开发过程	必要时低于这一深度空间的建造桩基也被允许

来源：作者自绘。

2. 地下空间相关法律法规

除地下空间开发产权外，历史地区地下空间整体利用发展的重要依据还包括国家、地方层面地下空间相关法律法规、地下空间消防、人防安全管理规定、轨道交通规划、地下交通相关政策法规、地下空间防火防灾政策法规、地下空间建筑建设规范、城市地下基础设施建设规划与相关政策等，以及历史地区保护规划相关政策，与地下空间相关的功能、承载空间、安全、可持续发展等政策法规。

目前地方层面已经有地下空间管理办法、暂行规定、管理条例等多项地方立法，对地下空间功能的研究相对较多，但还未有一个系统的城市地下空间用地分类标准，王曦、刘松玉等对地下空间用地体系进行了探索，构建了“7 + 24”的地下空间分类体系，并制定了相应的类别代号，为城市地下空间分类标准规范的制定提供了一定的借鉴和参考。

3. 地下空间规划

城市地下空间在城市总体规划阶段有地下空间开发总体规划，如《天津市地下空间开发利用总体规划（2017—2030 年）》；控制性详细规划中城市地下空间相关指标及地下空间资源利用控制的研究在不断拓展；另外上海、江苏、重庆、安徽等省市制定了地下空间利用相关导则，建立了完善的地下空间规划体系，这些导则和规划体系是历史地区地下空间利用的重要依据。

4.1.4 交通条件约束

交通功能是城市功能中活跃度特别高的功能，同时其对城市生活及其他功能的正常运作具有重要影响。历史地区的地下交通包括地下静态交通和地下动态交通。地下静态交通主要为地下停车；地下动态交通包括地下轨道交通、地下道路交通及地下步行交通。

其中轨道交通是十分重要的组成部分，轨道交通相较于其他公共交通出行方式更为高效便捷，轨道交通具有更多的主动性，对城市地上地下空间的整体利用具有关键影响，尤其是轨道交通站点，它是周围土地价值提升、节点活力提升的重要促进因素，且轨道交通在城市整体范围内形成了线状连续网络化空间，具有快速移动性。地下道路交通以过境式交通为主，地下步行交通主要是通过性空间，地下公共停车取决于地上功能与需求，表现出一定的被动性，地下交通系统特点如表4-3所示。

城市交通系统是一个复杂的巨系统，自城市轨道交通建设以来，它与历史地区的保护之间便矛盾重重，历史地区保护是轨道交通线路及站点选择的重要限制因素，但是从另一方面来说，轨道交通的建设给历史地区地下空间整体化利用带来了契机，成为地下空间整体利用的激活要素，也是地下交通系统中对历史地区地下空间利用最为重要的影响因素。

表4-3　地下交通系统特点

轨道交通	道路交通	步行交通	地下停车
客运能力强 便捷准时 出行成本低 缓解城市交通压力的能力强 人流集散能力强 活跃度高	出行方式灵活 缓解部分路段交通压力 以过境式交通为主	地下通过性功能空间 通常是地下各功能的连通通道	地下静态功能性空间 人流集散场所 为个性化私人出行提供服务

来源：作者自绘。

4.2　历史地区保护要求对地下空间利用的约束限制

在开发利用位于历史地区的地下空间时，除了受前述基础性约束限制条件的约束之外，还受到历史地区特有的保护要求的影响，具体表现在历史地区地上功能、形态、地下遗存情况、内部构筑物、场所精神与文化等方面对地下空间利用的约束。

4.2.1　历史地区地上空间承载功能对地下空间利用的约束

历史地区的地上空间功能与地下空间开发类型之间有显著的相关性，在地上空间与地下空间功能相匹配的情况下，能够最大限度地实现地上地下空间的整体利用，从而实现综合效果的最大化。在地上地下空间整体利用的原则约束下，基于功能耦合对地下空间利用时须参考地上空间的功能类型进行统筹考虑。在不同的地上空间土地利用性质与空间承载功能约束之下，地下空间的开发类型与功能属性需要根据实际情况做出选择。

随着时代的发展，城市生活的三维立体化、集约化及生活需求的复杂化，都对城市地上功能的综合利用提出了要求。出于对历史保护要求的考虑，相较于其他城市片区来说，历史地区地上空间在进行有机更新改造时对既有历史建筑改造的可实施度较低，从而导致其在功能更新和混合利用方面难度更大。地下空间的利用为历史地区实现功能混合利用提供了新的思路，可以通过对历史地区地下空间的开发与功能植入拓展历史地区的功能属性。

4.2.2　历史地区地上空间形态对地下空间利用的约束

地下空间与地上空间连通主要通过半地下空间、新建地面建 / 构筑物（地下空间出入口）、地面已存建筑（地下空间的相互连通以地上建筑作为出入口）等方式。

1. 地上建筑形态影响

地下空间的开发方式主要包括附建式地下空间结构与单建式地下空间结构两种，其中，附建式地下空间结构依托地面建筑建设地下室，不仅可以节约资源，而且可以获得更好的经济效益，其缺点是附建式的工程结构形式和尺寸受上部建筑的约束，其平面形状与上部建筑相关联，由上部建筑进入，也有单独的出入口，其空间形态在很大程度上取决于地上空间建筑形态，在施工、地下出入口、通风采光等方面依赖于地上街区形态，与地上功能及周围其他地下功能之间存在一定的耦合关系。相对来说，附建式地下空间对地上功能的依赖程度更高。

2. 地上开敞空间影响

历史地区内部地上建筑，尤其是保护建筑，对地下空间利用要求较高，对通过地面建筑作为出入口的方式有很大的制约性，因此历史地区地上开敞空间对地下空间利用尤为重要。

单建式地下空间结构为单独修建，其上部无坚固性地面建筑物，多位于公园、绿地、广场、道路等开敞空间地下。地面公园广场、街头绿地、街道等开敞空间具有公共属性，避免了在地下空间的开发中由产权纠纷带来的阻力，此类地下空间在地下施工与利用时更具有优势。因此，历史地区开敞空间的位置成为地下空间地上空间联系的重要节点，而开敞空间的布局和形态也直接影响地下空间的规划。

3. 地上街区形态影响

历史地区街区形态是指在历史时期形成的，具有明显的历史文化特征及相对完整历史风貌的空间布局方式，由用地结构、功能及其空间关系所决定。历史地区街区形态与城市其他街区的形态存在很大的差异，它反映了一个城市的地域特征和历史文脉，是城市的标志性景观，也是城市历史发展的缩影。在保护与发展的过程中，对历史地区街区形态需要在较大程度上予以保留，因此它也成为约束地下空间开发利用的一个重要因素。为实现地上与地下两个空间的上下连通，达到延续城市整体结构和保护历史地区历史文脉的目的，地下空间的布局需要根据地上空间的空间形态做出相应的规划设计。

4.2.3 历史地区地下空间的遗存情况对地下空间利用的约束

历史地区地下空间的遗存情况是地下空间开发的现状基础，地下空间开发具有不可逆性，且历史地区地下空间本身也是历史地区文化的一个维度。在进行历史地区地下空间开发时需要对存量地下空间进行评估、维护、利用，处理好已开发地下空间之间、新建地下空间与已开发地下空间的关系是进行历史地区地下空间开发的前提。

历史地区地下空间的现状遗存主要包括地下文物遗存、历史地区地上建筑的附属性构筑物，以及其他单建式地下空间。其中历史地区地上建筑的附属性构筑物主要包括人防工程、建筑物的地下室及建筑基础。

4.2.4 历史地区内部构筑物情况对地下空间利用的约束

在保护历史地区的过程中，需要重视对地方文化的传承，既要在保护的基础上寻求发展，又要保证其原汁原味与完整性，防止大规模的拆建。要解决好保护与发展之间的关系，以“绣花”与“微改造”为手段，真正实现在保护中发展，让历史与现代相互促进。因此，在地下空间开发利用中，对历史地区内部构筑物情况进行分析尤为重要，主要包括构筑物保护等级、构筑物结构形式、构筑物高度控制三个方面。

1. 构筑物保护等级

1）历史风貌建筑

各个城市对历史保护建筑的等级划分要求不同，例如天津市、成都市将历史建筑的保护等级划分为特殊保护、重点保护、一般保护三类，并分类提出要求，上海市则划分为一类保护建筑、二类保护建筑、三类保护建筑、四类保护建筑。不同保护等级的历史风貌建筑在外部造型、饰面材料、色彩、内部主体结构、平面布局及重要装饰等方面有不同的更新改造要求，在建设过程中应当根据不同建筑的保护要求对地下空间进行利用。

结合《历史文化街区和历史建筑保护条例》及各城市的保护要求，可以将历史风貌建筑保护利用条件总结为以下三种情况（表 4-4）。一类历史风貌建筑不宜结合地下空间设置出入口；二类历史风貌建筑应当根据建筑使用情况及建筑自身的承载能力，在更新设计时按照规范充分论证；三类历史风貌建筑内部的改造空间较大，可以在保护建筑安全的前提下结合地下空间设置出入口。

表 4-4　历史风貌建筑保护利用条件

历史风貌建筑保护级别	外部造型、饰面材料、色彩	内部主体结构	平面布局	重要装饰	结合地下空间设置出入口的适宜性
一类	×	×	×	×	不宜
二类	×	●	○	×	根据建筑使用情况慎重选择
三类	×	○	○	○	在保护建筑安全的前提下可以设置

来源：作者自绘。

注：●为有条件更改，○为可以更改，× 为不能更改。

2）其他非挂牌建筑类别

历史地区除历史风貌建筑外还有三类其他非挂牌建筑类别，分别是“传统风貌建筑”“与传统风貌相协调的建筑”及“与传统风貌不协调的建筑”（表 4-5）。“传统风貌建筑”及“与传统风貌相协调的建筑”这两类非挂牌建筑在建议保留的前提下，因其内部布局设施可以进行适当更改，所以适宜与地下空间结合利用。而“与传统风貌不协调的建筑”不宜保留，在拆除之后可以将用地作为公共空间，或者将其新建成为“与传统风貌相协调的建筑”，由于它可改造的可能性较大，因此它成为历史地区地下空间综合利用的重要节点空间。

表 4-5　历史地区其他非挂牌建筑

非挂牌建筑类别	是否保留	内部布局设施	外观特征	备注
传统风貌建筑	保留	可以更改	维护加固	适宜与地下空间结合利用
与传统风貌相协调的建筑	保留	可以更改	维护加固	
与传统风貌不协调的建筑	不保留	—	—	

来源：作者自绘。

3）古树、古井、围墙等重要历史要素

历史地区地下空间的利用除了需要考虑地面的建 / 构筑物，还需要重视古树等重要历史要素的保护，因为它们是历史地区建 / 构筑物整体环境的重要组成部分，但它们在更新建设过程中往往容易被忽略和破坏。例如地下空间的施工过程会对地面树木生长造成负面影响。古树名木需要一定的种植厚度和排水厚度，而且不同树种对土壤的物理、化学属性要求不同。此外，很多古树名木难以采取先移开后复植的方法。基于以上原因，必须考虑地下空间的施工深度，以及施工过程中产生的化学物质可能会对古树名木造成的伤害。

上海外滩源 33 号历史保护建筑的地下空间开发利用充分考虑了对地上古树名木的保护（图 4-8）。地下空间经过处有一棵 150 年的银杏树，出于对该树的保护，规划时将地下空间划分成两部分，又考虑到银杏树对混凝土施工过程中产生的碱性物质比较敏感这一特性，在银杏树地下空间利用部分采用钢架结构连通方式（图 4-9）。

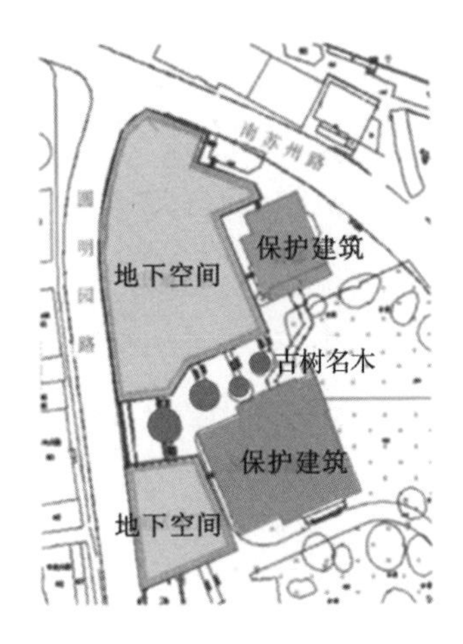

图 4-8　上海外滩源 33 号

（来源：根据龙莉波的《上海外滩源 33 号历史保护建筑改造及地下空间开发》改绘）

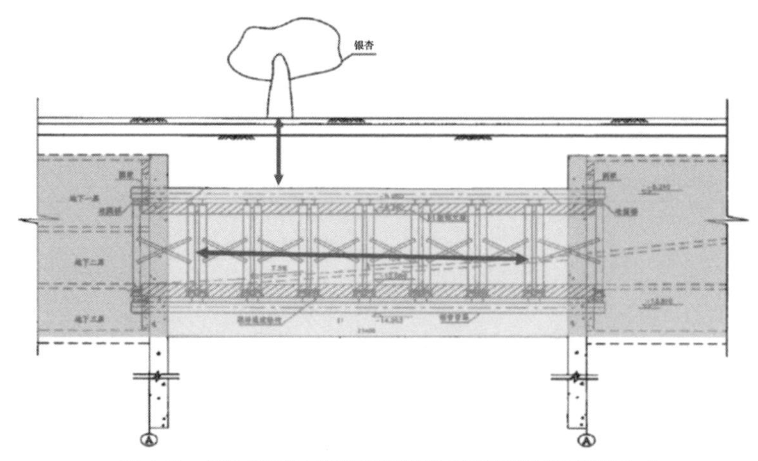

图 4-9　在银杏树地下空间利用部分采用钢架结构连通方式

（来源：根据龙莉波的《上海外滩源 33 号历史保护建筑改造及地下空间开发》改绘）

在地下空间开发过程中，古树名木对地下工程施工有影响，施工时需要满足古树名木的最小覆土厚度、植物根系保护范围，以及地下工程施工影响控制范围等要求（图 4-10），以此为依据评估地下工程实施过程中会对古树名木造成影响的程度（蔡颖芳等，2014）。再根据古树名木不同的生长需求选择地下工程施工材料。古树名木由于生长的环境及自身生长需求不同，对根系保护范围、土壤的酸碱度等都有不同的要求，因此在古树名木无法移动的情况下，应当在地下空间建设过程中根据古树名木的需求调整地下空间施工技术和材料。

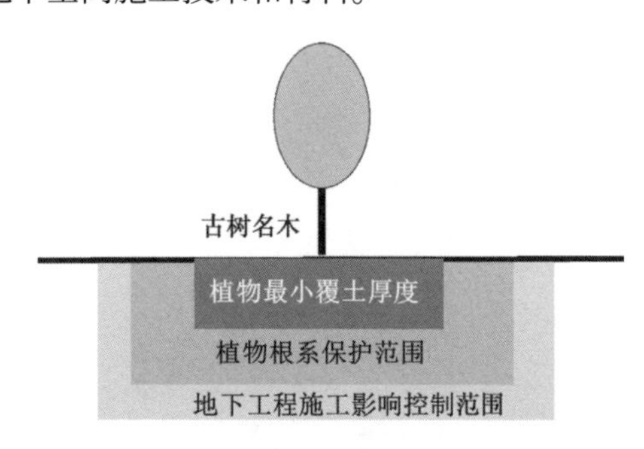

图 4-10　古树名木对地下工程施工有影响

（来源：作者自绘）

2. 构筑物结构形式

历史地区构筑物结构形式主要包括传统木结构、砖木结构、砖石结构，以及少量混凝土结构。随着时间的推移，构筑物结构会出现维护不善、结构老化、对外界变化的承受能力低等问题，在对周边或者原位地下空间利用时所受的影响较大，因此对施工工程技术要求较高。

此外，由于历史地区地面建筑的开发建设强度较低，较于其他地面高层建筑来说其所传递给地基的荷载相对较小，地下基础埋深较浅，地面建筑及基础承担外部荷载能力弱，可能会对地下空间的施工深度造成影响。在确定地下空间开发深度及周边地下空间开发安全距离时，需要结合地面构筑物的基本情况和土层情况来具体判断。

3. 构筑物高度控制

历史地区为了保护地上建筑物的风貌，会根据地上建筑物的高度来确定历史地区范围内的开发建设高度，但在历史地区建筑物更新过程中，新功能需求与地面建筑高度控制之间往往存在矛盾。为了控制历史地区整体视线和风貌，需要对新建建筑物高度提出要求，地下空间的利用可以将部分功能放到地下，使建筑整体高度不变的同时也能够满足地面高度的要求。

伦敦莱斯特广场的爱德华酒店项目紧挨着莱斯特广场，该建筑在建造的过程中将建筑高度的三分之一放置到地下，以避免对周围保护建筑视线的遮挡，同时提高了该地区的土地价值与容积率。该建筑位于规划中的地标建筑观景走廊中，位于为保护威斯敏斯特宫景观而划定的区划范围内，且该建筑有两个侧面与议会山相望，不管在城市整体结构中还是在局部保护范围内，它都承担着重要的角色，通过地下空间的利用解决了地面保护控制与发展需求之间的矛盾，伦敦爱德华酒店楼层示意图如图 4-11 所示。

地下空间的开发为历史地区建筑高度控制、城市风貌结构、街区环境场所的保护提供了新的途径，从另一方面来说，地上建筑的高度控制及城市规划的空间结构、绿地景观系统、视线廊道等都会对历史地区地下空间开发利用产生影响。

图 4-11　伦敦爱德华酒店楼层示意图

（来源：https://www.aisoutu.com/a/441047）

4.2.5　历史地区场所精神对地下空间利用的约束

场所精神起源于罗马人基于自身宗教信仰构建的“地方守护神”观念，认为个体和场所拥有自己的守护神灵且守护神灵赋予其生命、特性和意义。在建筑学中，场所精神的核心内容包含两个方面：一是场所为具备特性氛围、承载生活的空间，能形成广泛时空秩序（方向感）并与人产生精神互动（认同感）；二是场所展现出的深层特质，如氛围、情趣、特征等，亦称为“场所感”。[1] 场所精神与历史街区的价值特色息息相关，其勾勒的独特的生活场景、文化积淀、历史认同等，在地方凝聚成生活经验与集体精神，这种场所精神对历史街区地下空间的利用将产生约束。

1 诺伯舒兹《场所精神——迈向建筑现象学》。

1. 对地下空间功能的要求

历史街区的场所精神与地方文化的类型、生活习俗、空间格局、社群关系等密切相关，不同的场所精神反映的是当地人们对历史街区不同的认同感和归属感。例如居住类型历史地区的幽深宁静、文化类型历史地区的浓厚文化氛围、工业遗址类型历史地区的时代感与工业感，以及商业类型历史地区的热闹繁华等是历史地区场所精神的一瞥，城市居民记忆、非物质文化遗产等都是其重要组成部分。因此需要正确处理功能缺失与历史地区地上场所之间的矛盾，不应将幽深宁静的空间过度商业化，应当根据历史地区地上场所精神及不同功能的特性选择地上地下功能。

同时注重历史地区地下空间文化功能的设置与地面场所精神反映的价值特色相一致，活化地下空间功能，在满足行人基本心理需求的情况下，将历史街区的特色文化场景、商业功能、博物展览功能等引入地下，使地下空间的文化功能与地上一体化发展，实现场所精神的延续。

2. 对地下空间氛围的要求

新植入的地下空间和功能与地上空间之间存在物理性隔离，形态、环境等均与地面有很大不同，不仅需要将地上的精神空间同时一体化利用，还需要将历史地区地面的非物质文化、精神文化引入地下空间开发利用中，对历史地区的文化氛围进行整体利用。这主要体现在地下空间装饰、灯光、标识、音乐等氛围工具的利用，应符合历史街区的文化特色，延续历史街区传达的文化理念，表达地方文化的场所精神。

4.2.6 历史地区中式传统文化与思维对地下空间利用的约束

中国传统文化及思维方式贯穿历史地区建设的始终，街区的建设强调私密性与独立空间。即使在近代租界地区西式文化思潮涌入的情况下传统文化也仍然影响着街区建设，传统文化与西式建筑设计理念融合，从而形成了中西合璧的历史街区，因此在以西方设计理念为主的街区中仍然形成了与西方街区开放性截然相反的封闭性街道空间，欧洲建筑临街界面如图 4-12 所示。从天津五大道历史地区建筑临街界面（图 4-13）中就可以看出围墙对街道空间的重要性，其中围墙是中国传统思想、居民心理需求的集中表现，同时也源于租界时期国际形势紧张、人人自危的历史境遇，围墙也是顺应当时时代局势需求的产物（徐蕾等，2013）。

图 4-12　欧洲建筑临街界面

（来源：https://www.sohu.com/a/246020191_816304）

图 4-13　天津五大道历史地区建筑临街界面

（来源：作者自摄）

这就导致了中国历史地区地下空间在利用时较于西方街区难度更大，道路和人行通道面积狭窄，道路两侧的开放性空间较少，在一定程度上对地下空间的利用产生了约束限制。因此在历史地区地下空间利用时需要充分考虑中式思维及地域文化对历史地区的要求，寻找适合中国人和中国历史地区的利用方式。

4.3　影响历史地区地下空间整体利用模式的约束要素

通过上述对历史地区地下空间利用的基础性约束限制条件和历史地区保护要求对地下空间利用的约束限制条件的分析，可以得到历史文化街区地下空间整体利用约束限制因子集（图 4-14）。城市地下空间利用基础性约束因素包括自然气候条件、城市外部制约条件、政策法规、交通；历史文化街区保护限定因素包括土地利用性质和空间承载功能、历史文化街区空间形态、历史文化街区地下遗存情况，以及历史文化街区内部各影响要素。

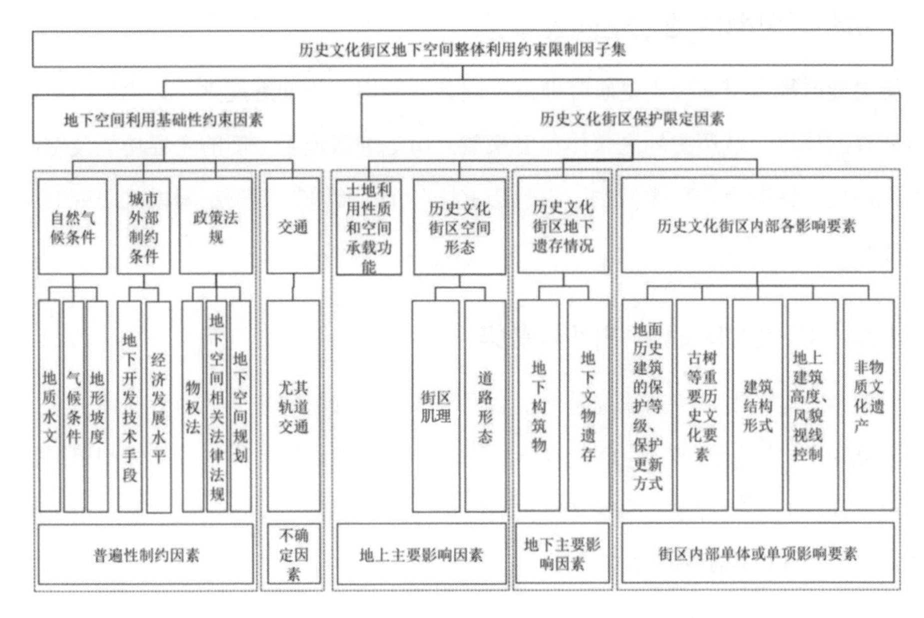

图 4-14　历史文化街区地下空间整体利用约束限制因子集

（来源：作者自绘）

通过整理与分类，可以从交通影响要素集、历史地区地上空间要素集、历史地区地下空间要素集及历史街区内部要素集四个角度，分别提取对历史地区地下空间整体利用模式产生较大影响的要素。

4.3.1　交通影响要素集

自然气候条件、城市外部制约条件、政策法规及交通条件是地下空间利用的基础性约束条件，其中，交通条件尤其是轨道交通具有不确定性，对地下空间的利用也会带来更为直接的影响，是历史地区地下交通空间中最不稳定也是最重要的影响因素。由于历史地区保护的特殊性，轨道交通在带来地下空间整体利用机遇的同时也会给历史地区带来负面影响，是历史地区地下空间整体利用的重要因素。因此，从基础性约束要素集中提取“交通”要素，来分析历史地区地下空间整体利用模式十分有必要。

4.3.2 历史地区地上空间要素集

历史地区地上空间要素是研究地下空间整体利用的重要维度之一，也是历史地区差异性的体现，从历史地区整体角度来看，历史地区地上空间的主导功能及空间形态是历史地区的重要分类依据，因此选定这两个维度作为地下空间模式研究的主要维度。

4.3.3 历史地区地下空间要素集

通常历史地区地下空间情况是地下空间整体利用的基底条件，由于其地下文化层结构复杂，已建设的地下空间及地下文物遗存是历史地区地下空间整体利用时需要重点关注和处理的对象，因此从历史地区地下空间要素集中选定地下遗存这个维度作为地下空间模式研究的主要维度。

4.3.4 历史地区内部要素集中不提取要素

历史地区内部影响因素是整体利用的重要组成部分，但其主要针对的是历史地区的建 / 构筑物及单体文化要素的影响，是历史地区地下空间整体利用的单体要素和街区内普适性要素，历史地区之间的异质性通过内部影响要素无法体现，因此本书不将其作为主要分析维度。

结合前文中对各项要素的分析，本书最终选择交通、功能、形态及地下遗存四个主要维度对历史地区地下空间整体利用模式进行研究。

5

历史地区地下空间整体利用的可实施性评估研究

5.1 可实施性与可实施存量

5.1.1 地下空间可实施性

历史文化街区地下空间可实施性指在保护前提下的开发利用过程中，历史文化街区范围内地表以下空间资源的可开发适宜程度和潜在效益的综合评价指数。历史文化街区的地下空间的实施往往和地上空间相互影响、相互制约。地下空间的内生条件与地面空间的外部条件中包含的诸多因素会对地下空间的开发利用产生或积极或消极的影响，这些因素的综合作用结果将会对地下空间的可实施程度产生影响，导致在历史文化街区地下空间的不同区域存在不同的从“优”至“劣”的可实施程度。

地下空间资源按照包含关系从大到小可以分为：天然蕴藏量、可供合理开发的地下空间资源、可供有效利用的地下空间资源及实际地下空间开发量。

① 天然蕴藏量（C）：范围涵盖了一定区域内地表之下已开发和未开发、可开发和不可开发的全部地层空间。

② 可供合理开发的地下空间资源（C_a）：属于天然蕴藏量（C）的一部分，除了地质灾害影响范围、资源保护区禁建区等特殊用地范围之外，在一定技术水平下可供合理开发利用的地下空间。

③ 可供有效利用的地下空间资源（C_e）：属于可供合理开发的地下空间资源（C_a）的一部分，是指在满足生态安全及地质稳定前提下，保持合理形态和密度的、能够实际开发利用的地下空间资源。

④ 实际地下空间开发量（C_r）：城市在发展过程中，根据实际需要和规划要求，实际上已开发利用的地下空间资源。

根据以上定义整理的地下空间资源层次关系示意图如图 5-1 所示。

地面空间的影响因素包括：区位、交通环境、建筑质量、建筑密度、建筑层数、保护等级。

地下空间的开发利用具有很强的不可逆性，历史文化街区特殊的受保护地位及城市中心地带复杂的外部环境决定了其范围内地表以下空间的开发利用要进行科学的事先评估，规避可能给历史文化街区带来的不可挽回的损害的风险，在此基础上

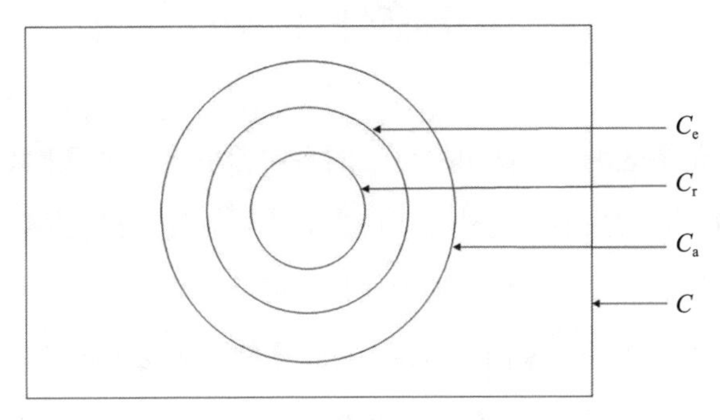

图 5-1　地下空间资源层次关系示意图

（来源：作者自绘）

才有可能做到“地面保护控制”“地下整合发展”，实现历史文化街区地上地下功能的互补，进而改善街区硬件设施条件，提升街区功能与活力。

5.1.2　可实施存量

基于历史文化街区各类要素的保护要求，从地下空间开发利用的约束和限定作用出发，定义了历史文化街区地下空间可实施存量（R_i）——开发利用的全过程对历史文化街区不造成任何负面影响的地下空间可开发部分，地下空间资源的天然蕴藏量 R 即为建成区地表以下在可开发深度内的全部自然空间的总内容，其中包括目前可供人类建设开发利用的部分与尚不可开发利用的部分。已开发的地下空间 R_d 为实际确定开发或已经开发利用的地下空间，R_f 为地下空间开发利用中，可能对历史文化街区造成不良影响的部分，地下空间可实施存量层次关系图如图 5-2 所示。

实施历史文化街区地下空间开发利用的前提是不能对历史文化遗产和街区整体空间产生负面影响，根据可实施存量的概念来讨论历史文化街区地下空间规划利用的互动平衡，甄别历史文化街区地下空间可实施的内生条件和外部影响。

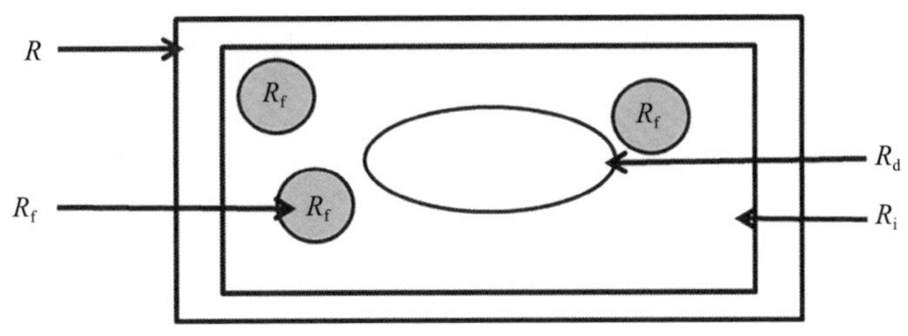

图 5-2　地下空间可实施存量层次关系图

（资料来源：作者自绘）

5.2 可实施性评估的方法

影响历史文化街区地下空间可实施性的多层因子、多种因素共同组成了一个多层次的复杂系统，其内生条件及外部环境之间相互制约、相互影响，诸多因素具有一定的模糊性、层次性及影响程度的差异性。目前在地下空间可实施性评估的研究当中，多采用层次分析法、模糊评价法、GIS 空间分析法等多种方法相结合的方式进行可实施性评价。利用这种定性和定量相结合的方法对可实施性的复杂系统进行评估，具有高效、直观且符合实际的特点。通过地下空间的分层理论，根据区域内不同竖向深度层次，确定相应层次的指标评价体系，利用层次分析法进行各深度层次指标权重的确定，随后通过 GIS 平台展开空间分析，进行结果输出及可视化表达。

5.2.1 地下空间分层理论

1. 地下空间分层理论概述

地下空间分层是指根据地下空间资源的数量及质量，结合不同城市经济社会发展时期对地下空间的需求在竖向层面进行地下开发深度的统筹协调和合理划分。

城市空间是一个包含地上和地下空间两个部分的三维体系，地上和地下部分都是城市空间有机系统的重要组成部分。由于经济社会发展程度、工程技术水平及城市建设管理理念的限制，过去的城市发展往往缺乏对地下空间进行合理开发利用的考虑。实际上，地下空间同地面空间一样，相对于地表建筑高度的层级划分，地下空间也应有相应的竖向深度层次划分，进而保障地下空间合理有序的开发建设活动。地上地下互相补充、互相促进，方能使矛盾突出的现代城市走向可持续发展。

2. 地下空间分层理论的演变

地下空间分层利用的思想早在 20 世纪初就由法国建筑师欧仁・艾纳尔（Eugene Henard）提出，他提出的多层交通系统（图 5-3）分为五层，布置人行、汽车、有轨电车、垃圾运输、排水系统、货运铁路及地下铁路等，进行人车分流，所有车辆均行驶于地表以下，空出的地表空间用于美化城市，为居民提供更优的生活环境（李春，2007）。其对城市街道地下空间进行竖向多层利用的设想对后世产生了很大影响。

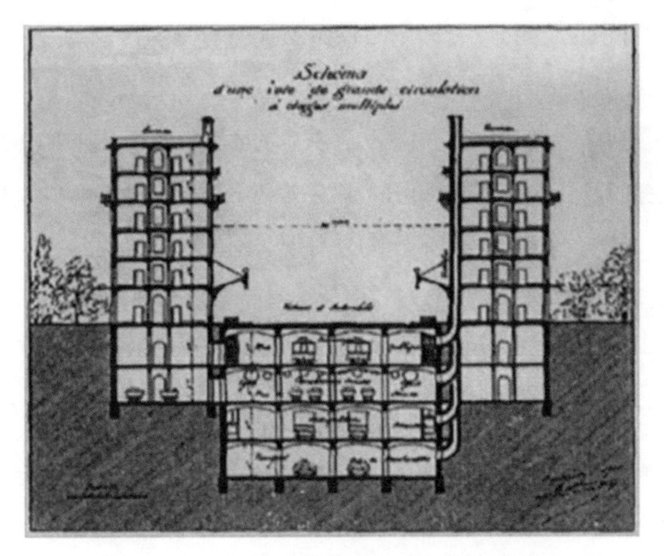

图 5-3　欧仁·艾纳尔提出的多层交通系统示意图

（来源：李春．城市地下空间分层开发模式研究 [D]. 上海：同济大学，2007）

1922 年，勒·柯布西耶（Le Corbusier）在其著作《明日城市》中提出了建设城市多层立体交通体系的构想。他提出的对城市空间进行三维多层划分、协调城市由上至下的空中、地表、地下空间，以解决城市拥堵问题的理性功能主义规划思想意义深远，在世界范围内影响了第二次世界大战后的城市规划及建设活动。

20 世纪 80 年代，日本学者渡部与四郎（Yoshiro Watanabe）正式提出了地下空间的分层体系，他按照使用功能的不同将地下空间由浅至深分为四个层次。第一层用于商业及办公娱乐，人员流动量大；第二层用于交通，人员停留时间短；第三层用于布置公用设施及生产设施，少有人员活动；第四层用于布置自动化的市政管线设施。其地上地下空间功能结构有机协调的思想至今仍没有过时。

国内外相关领域学者在欧洲及日本超前的研究基础上不断对地下空间分层理论加以丰富，逐步形成了较为成熟的地下空间竖向深度层次划分模式研究。虽然由于各地区地质条件、发展状况、用地需求等方面的不同，竖向层次划分标准亦不尽统一，但国内外各大城市在地下空间开发利用的实践过程中，在一定程度上都参考了地下空间分层理论，避免了未分层无计划建设导致的空间运营效率低下及空间资源浪费。

3. 地下空间的竖向分层体系

目前国内外地下空间的竖向分层应用较为广泛的城市主要集中在中国和日本，大部分为处于平原地带的城市。相比欧洲人口密度较低且用地压力较小情况下有限程度的地下空间开发需求，中国和日本都存在城市地带人口密度高、人均土地资源稀缺的现状，对地下空间的开发利用均有着很高的依赖性。故此，中国城市地下空间的开发方式及利用程度更多地借鉴了日本的经验（辛韫潇等，2019）。

根据国内外部分开发利用较为成熟的城市地下空间的竖向深度层次划分体系，国内外主要城市地下空间分层埋深如表 5-1 所示。由此可见，大多数城市将地表以下 15 米作为浅层地下空间的划分界限，北京、天津、杭州、深圳等少部分城市将地下 10 米作为浅层地下空间的划分界限；大多数城市将 30 米作为次浅层地下空间的划分界限，仅上海和南京两座城市以 40 米为次浅层地下空间的划分界限；最具差异性的深度范围体现在次深层，在所列举的国内 8 个城市中，其中一半城市（北京、天津、成都、深圳）以地下 30 ～ 50 米范围划分了次深层，而在国外城市中，东京以 100 米作为次深层的界限；对深层地下空间的划分，以东京较为特殊，“大深度开发”计划将地下 100 米以下范围划定为深层地下空间，其他城市对深层地下空间的界定标准各异。

表 5-1　国内外主要城市地下空间分层埋深

城市	表层（浅层）埋深 /m	中层（次浅层）埋深 /m	中层（次深层）埋深 /m	深层埋深 /m
巴黎	0 ～ 15	15 ～ 30		＞ 30
东京	0 ～ 15	15 ～ 30	30 ～ 100	＞ 100
北京	0 ～ 10	10 ～ 30	30 ～ 50	50 ～ 100
上海	0 ～ 15	15 ～ 40		＞ 40
广州	0 ～ 15	15 ～ 30		＞ 30
天津	0 ～ 10	10 ～ 30	30 ～ 50	＞ 50
成都	0 ～ 15	15 ～ 30	30 ～ 50	50 ～ 100
杭州	0 ～ 10	10 ～ 30		＞ 30
深圳	0 ～ 10	10 ～ 30	30 ～ 50	50 ～ 100
南京	0 ～ 15	15 ～ 40		＞ 40

来源：辛韫潇，李晓昭，戴佳铃，等．城市地下空间开发分层体系的研究 [J]. 地学前缘，2019, 26（3）: 104-112.

国内外尚未有统一的地下空间竖向深度层次命名规则及划分标准，但将地下空间进行三个层次或者四个层次的竖向划分模式已经形成，应根据城市各自的综合特征因地制宜，采取合适的层次划分方式展开地下空间的规划利用。

5.2.2 层次分析法

1. 层次分析法概述

层次分析法是由美国运筹学家萨蒂（T. L. Saaty）于 20 世纪 70 年代初提出的一种解决多目标复杂问题的定性与定量相结合的层次权重决策分析方法。这种方法在应用于复杂的决策问题时，解构其本质、确定相关影响因素并分析其内在关系，在此基础之上结合部分定量数据使决策思维数字化，从而清晰简便地解决多目标或者无明显结构特性的复杂决策问题。层次分析法将定量分析与定性分析结合，根据决策者的经验来判断各目标实现标准之间的相对重要程度，并赋予决策方案的各个标准以权数，依据加权所得结果排列出各决策方案的优劣次序，为研究多层次多因素构成的复杂决策系统提供了简洁高效的决策方法。该方法在资源分配、性能评价、城市规划、经济管理等多个社会经济领域得到了广泛的应用。

2. 层次分析法基本原理

层次分析法根据问题的本质及决策者想要实现的目标，把问题解构为多个组成要素，然后依据要素之间的相互关系，将其按照一定的规则及性质划分为不同层次进行相关聚合，最终形成一个清晰直观的递阶分析结构模型。复杂决策问题的目标最终被转化为最低层相对于最高层的确定的相对权重或者相对优劣次序，以便选出问题的最优解决方案。

层次分析法具有系统性、实用性、简洁性等优点，但是同时具有一定的局限性。囿旧、粗略、主观等局限性决定了层次分析法不适用于对精度要求较高的问题，且在建立层次结构模型和比较矩阵时人的主观因素对结果有较大影响。故此，层次分析法常常结合专家群体判断的方法来使问题的最终结果更有说服力。

3. 层次分析法的步骤

在运用层次分析法对多层复杂问题进行分析决策时，可以分为以下四个步骤。

1）建立层次结构模型

将系统问题进行条理和层次化梳理，分析目标各因素之间的相互关系，构建出层次分析结构模型。每个层次的因素作为准则在支配低一层级的因素的同时也会被高一层级的因素所支配。最高层、中间层及最低层共同组成了这一层次体系。

其中，最高层也称目标层，是系统问题的最终预期目标；中间层也称准则层，是达成预期目标过程中需要纳入考虑的准则，可由若干层次组成，分为准则和子准则；最低层也称方案层，包括达成预期目标可供选择的各种决策方案。

2）构造两两比较判断矩阵

依据同一层次上的所有因素相对于其上一层准则的重要程度展开相互间的两两比较，构建出判断矩阵，其中各因素相对于上层准则的重要性即为各因素相对应的权重。通常情况下，面对包含多种性质和类别因素的复杂决策问题，无法直接定量地判断各因素的相对重要性时，即可采用这种判断矩阵构建的方法。

在层次结构模型中，设 A 为某层次准则，其下级支配的因素为 a_1，a_2，…，a_n，a_{ij} 为因素 a_i 与因素 a_j 在准则 A 中的重要程度之比，则 $a_{ij}=a_i / a_j$，据此可以构建出判断矩阵 $\boldsymbol{U}=[a_{ij}]_{n\times n}$，两两对比判断矩阵如表 5-2 所示。

表 5-2 两两对比判断矩阵

A	a_1	a_2	…	a_j	…	a_n
a_1	a_{11}	a_{12}	…	…	…	a_{1n}
a_2	a_{21}	a_{22}	…	…	…	a_{2n}
…	…	…	…	…	…	…
a_i	…	…	…	a_{ij}	…	a_{in}
…	…	…	…	…	…	…
a_n	a_{n1}	a_{n2}	…	a_{nj}	…	a_{nn}

来源：作者自绘。

其中，$a_{ij}>0$，$a_{ji}=1/a_{ij}$，$a_{ii}=1$（i，j=1，2，…，n）。

一般按照 1 ～ 9 的比例标度展开准则 A 下各因素之间重要程度之比 a_{ij} 的赋值，不同的数值代表着两两相比因素之间在准则 A 支配下重要程度的差异性，A 准则层下两两因素对比的标度含义如表 5-3 所示。

表 5-3 A 准则层下两两因素对比的标度含义

标度	含义
a_{ij}=1	a_i 和 a_j 两个因素具有同等的重要性
a_{ij}=3	两个因素相比，a_i 比 a_j 稍微重要
a_{ij}=5	两个因素相比，a_i 比 a_j 明显重要
a_{ij}=7	两个因素相比，a_i 比 a_j 强烈重要
a_{ij}=9	两个因素相比，a_i 比 a_j 极度重要
$a_{ij}=2n$，n=1，2，3，4	$a_{ij}=2n$ 的重要性介于 $a_{ij}=2n-1$ 和 $a_{ij}=2n+1$ 之间
$a_{ij}=1/n$，n=1，2，…，9	若因素 a_i 与 a_j 的重要性之比为 a_{ij}，那么因素 a_j 与 a_i 的重要性之比为 $1/a_{ij}$

来源：作者自绘。

3）层次单排序权重的计算及一致性检验

在已知 $\boldsymbol{U}$ 是 n 个因素 a_1，a_2，…，a_n 对于准则 A 的判断矩阵，需要对各因素在该准则下的相对权重 ω_1，ω_2，…，ω_n 进行计算，其向量形式表达为 $\boldsymbol{W}=(\omega_1, \omega_2, \cdots, \omega_n)^{\mathrm{T}}$。

在层次分析法中进行相对权重计算的方法主要有和法、根法、特征根法、对数最小二乘法、最小二乘法等。可在实际应用中根据需求选取相应的权重计算方法。

单准则下的权重向量在计算时，应进行判断矩阵的一致性检验，以保证权重计算结果的合理性，若一致性检验不符合相应标准，须对判断矩阵进行重新调整和验证。通常通过计算一致性指标 CI（consistency index）、平均随机一致性指标 RI（random index）及一致性比例 CR（consistency ratio）对判断矩阵的一致性进行检验。

若 $CR < 0.1$，则认为一致性可以接受，归一化后的特征向量即为权重；当 $CR > 0.1$ 时，须对判断矩阵进行适当的修改调整。

4）各因素对目标层总排序权重的计算及一致性检验

上述单排序权重为某一组因素相对其上层准则的权重，还须确定总排序权重，即最低层中各个因素相对于最高层（目标层）的排序权重。

设准则层 A 层 n 个因素相对于目标层 Z 的权重排序为 a_1，a_2，…，a_n，方案层 B 层的 m 个要素对上一层次的准则层 A 层中因素 a_j 的层次单排序为 b_{1j}，b_{2j}，…，b_{mj}（j=1，2，…，n），那么 B 层中第 i 个因素相对于目标层 Z 的权值 b_i 为：

$$b_i = \sum_{j=1}^{n} a_j b_{ij} \quad (i=1, 2, \cdots, m) \tag{5-1}$$

设 B 层对上层准则层 A 层中的因素 a_j（j=1，2，…，n）的层次单排序一致性指标为 CI_j，随机一致性指标为 RI_j，则总排序一致性比率为：

$$CR=\frac{a_1 CI_1+a_2 CI_2+\cdots+a_n CI_n}{a_1 RI_1+a_2 RI_2+\cdots+a_n RI_n} \tag{5-2}$$

当 CR ＜ 0.1 时，则认为层次总排序符合一致性检验，具有较为合理的一致性。否则，需要对一致性比率较高的判断矩阵进行调整。

5.2.3 空间分析

1. 空间分析概述

空间分析的概念源于 20 世纪 60 年代地理和区域科学的计量革命。起初主要是在进行点、线、面的空间分布模式分析时应用了定量化统计分析手段。20 世纪 60 年代的地理学计量革命期间，相关模型涉及了空间信息的关联性，开始形成当代空间分析模型的雏形。随着空间数据分析需求的不断增长，空间分析理论和方法也在不断地演变和成熟，如今的空间分析更加强调地理空间的自身特性、空间决策分析过程及复杂空间系统的时空演化，其分析方法也由传统单一的统计学扩展到系统论、拓扑学和运筹学等（汤国安等，2012）。

空间分析的概念可以从两个角度进行理解。从空间实体的图形与属性交互的角度来看，空间分析是从地理信息系统各地理目标之间的空间关系中获取新的信息，这也是空间分析的根本目的所在。从空间信息提取及传输的角度来看，空间分析是一项为获取和传输空间信息而对包含地理实体位置和形态特性的空间数据进行分析的技术。

GIS 既是一门学科也是一个信息平台，是空间分析理论和方法的集成化体现，其为空间分析提供了完整且专业的支撑平台，可以实现绝大部分的空间分析，这是 GIS 有别于传统计算机辅助设计系统及其他信息系统的核心优势所在。

2. GIS 空间分析的基本原理与类别

GIS 空间分析可以根据空间对象的特征差异展开相应的运用，其核心是根据地理对象的空间数据对其位置、属性、活动规律及与其他地理目标的关联影响展开分析，得到所需的派生数据信息。

GIS 空间分析类别可以从不同的角度进行划分。

① 按照数据的结构形态来划分，可以将空间分析分为矢量数据空间分析和栅格数据空间分析。其中，矢量数据空间分析常见的内容包括叠置分析、缓冲区分析、网络分析等。栅格数据空间分析具有结构简单、处理迅捷的优势，常用以进行聚类分析、窗口分析、统计分析等。

② 按照分析对象的维度来划分，可以将空间分析分为二维分析、三维分析及多维度分析。二维分析包含矢量和栅格形式下的网络分析、叠置分析、水文分析、地图代数，可以满足绝大多数的常规分析需求。三维分析包含表面高程、坡度、坡向、可视域在内的多种分析，并且具有高效的建模功能及良好的三维可视化效果。多维度分析更多地将时间因素纳入分析范畴，包含时空叠加分析、时空演变分析等。

③ 按照分析的复杂程度来划分，可以将空间分析分为空间问题查询、信息提取、空间综合分析、数据挖掘及数据建模等几个类别。

3. GIS 空间分析的主要内容

GIS 空间分析的主要内容包括以下几个方面。

① 空间位置：在 GIS 空间分析中，地理目标的空间位置通常是借助于空间坐标系来进行定位和传递的。其位置信息是 GIS 运作过程中对空间对象进行表述和分析的基础。

② 空间分布：指同类别空间目标的群组坐标信息，可根据目标的分布情况、变化趋势、相互间的信息对比等内容展开相关的空间分析。

③ 空间形态：指空间目标的几何形态，无论是二维分析还是三维分析，矢量分析或是栅格分析，根据由目标图形图像信息和空间属性信息结合而成的形态特征，可以直接获取或者间接操作，从而得到分析结果。

④ 空间距离：指点、线、面等空间目标之间的接近程度，是 GIS 空间分析中距离分析的基础。

⑤ 空间关系：指空间中各目标实体之间的相关关系，通常包括拓扑关系、方位关系、相似关系和相关关系等。

以上五个方面的内容共同组成了 GIS 空间分析的基础，各类复杂程度不一的空间分析都是基于空间目标的位置、分布、形态、距离或者关系而展开的。

5.3 可实施性评估方法的构建

5.3.1 可实施性评估方法的构建流程

完整的评估方法包含评估者、评估目标、评估对象、评估指标、评估标准、权重和评估模型等要素，结合以上要素进行综合评估得出评估结论，这个过程实质上是评估系统构成要素之间信息相互交换、流动和组合的过程（郭亚军，2007）。

评估方法的构建往往需要经历思维形态上由点到线到网再回归到点的“点—线—网—点”过程。针对评估对象设定一个评估目标，继而梳理出线性的评估流程，在评估准则和指标的建立和选取过程中逐渐形成多层次的网状结构，基于排序和量化后的指标重要程度对最终的决策方案进行指导。相应地其在思维属性上则是一个由定性明确评估目标及对象到定量输出评估值或排序值再到定性分析整理结果以指导实践决策的“定性—定量—定性”的过程（刘家韦华，2019）。

面对城市发展过程中历史文化街区范围内地下空间资源的可实施性问题，可通过层次分析法、专家打分法、GIS 空间分析法等定性定量相结合的方式建立历史文化街区地下空间的可实施性评估指标体系，并进行量化排序，评估方法构建主要分为以下几个步骤。

① 选取评估对象，明确评估目标，以对整个评估流程有全局的、科学的掌控，同时也为后续的准则建立及指标选取提供宏观方向上的引导。

② 建立可实施性评估指标体系，选取相应评估指标对评估目标进行解构，建立层次性指标结构模型。

③ 计算指标权重，通过计算方法和评估模型的选择，对已选择的评估指标进行权重的计算及一致性检验，以保证计算结果的合理性。

④ 评估指标的量化与标准化处理，通过划定不同指标分级标准并去量纲化，确保评估指标在后续评估过程中可以进行统一计算，并保证计算结果在限定范围内。

⑤ 应用评估方法进行选定对象的综合评估，得到结果并整理分析，提出改善提升建议，用以为相关实践活动提供指导。

5.3.2 可实施性评估指标体系的建立

指标体系的建立是可实施性评估方法的核心内容，在确立指标选取原则的基础上，分为两个部分：评估目标相关影响因子的初步选取和最终指标体系的优化确定。由评估目标向下解构为不同层次的准则层级指标层，经历全面概括的指标初选、关联适宜的指标筛选，最终建立科学合理的完整指标层次结构。

1. 评估指标选取原则

评估指标的选取合理科学与否直接影响到最终评价结果的准确性。在选取评估指标的过程中，应遵循以下几项原则。

1）系统性原则

评估指标的选取应能够对历史文化街区地下空间可实施性的整体性质及各个方面的特征进行全面、系统的反映，既能够涵盖重要影响因子，也要将其他影响程度较低但是构成评估系统必不可少的影响因子纳入考虑内容，形成内容丰富、层次分明的指标系统，以保证最终评估指标体系的完整合理。

2）客观性原则

在指标选取过程中应秉承客观中立的态度，避免主观臆断选取倾向型指标。应在综合分析既有研究成果的基础上，统筹考虑相关影响因子以构建科学有效的评估指标体系。

3）典型性原则

历史文化街区地下空间的可实施性评估相比其他评估内容具有一定的地域特征，其相关影响因子复杂多样，国内外既有相关研究提出的评估指标种类繁多，各不相同。在进行评估指标体系的构建过程中，应选取具有一定典型性、代表性的指标，排除冗余、类似及关联性较低的影响因子，紧密结合评估目的，准确精练地反映评估目标特征。

4）可行性原则

评估指标的选取应考虑其数据的可获取性及可操作性。历史文化街区地下空间可实施性的影响因子涉及包含工程地质、水文地质、社会经济、城市规划、历史文化等在内的多个领域，资料及数据的获取难度不一、处理方式不同，在进行指标选取时应尽量选择资料数据相对容易获取、可操作性较强的指标，使最终的评估指标体系科学合理且可实施。

2. 评估指标的初选及筛选

评估指标的初步选定是从指标选取的系统性和客观性出发，尽可能多地列出对评估目标产生作用的影响因子，并纳入最终评估指标体系，确定可供考虑采用的影响因子集合中的过程。其特点是绝大多数评估指标的初选均有据可依，在评估指标客观公平的前提下，尽可能全面地反映了评估目标的本质和特征。

在历史文化街区保护优先的语义下，对其地下空间可实施性的评估目标进行科学理性的层次划分及系统全面的指标列举，在一定程度上对评估对象的开发阻力和潜在效益特征进行描述和概括。分别从目标层、准则层、指标层三个层次进行了梳理，在此基础上将历史文化街区地下空间可实施性评估的相关影响内容总结为以下几个方面：历史文化保护情况、历史文化价值、社会经济条件、地下空间影响、外部环境影响、工程地质条件、水文地质条件、不良地质状况、工程技术条件等。

对历史文化街区地下空间的开发利用来说，其可实施性各相关影响因子的可适用程度不同。比如历史文化名城保护等级，作为对宏观城市尺度进行描述的评估指标，相对于历史建筑保护等级而言，对历史文化街区层面的评估具有较低的可适用性，故一般将评估指标适用级别分为三个等级，其中一级为适用性最高，三级为适用性最低。

3. 评估指标的确立

由于涉及经济社会、历史文化、外部环境等内涵广泛复杂且难以单一定性的情况，部分指标在所属准则层的划分方面存在重复或者偏差问题。结合历史文化街区地下空间可实施性的评估目标和系统性、客观性、典型性、可行性等指标选取原则，将各类评估指标筛选划分至历史文化街区保护限定、外部环境条件、社会经济条件及地质环境条件四个准则层面。结合频率统计及适用性等级评定结果，将历史文化街区地下空间可实施性评估指标分为以下几个方面。

① 历史文化街区保护限定准则层面，包含历史建筑保护等级、历史建筑密度、历史建筑地下遗存、历史建筑质量等指标。

② 外部环境条件准则层面，包括历史街区的空间区位、城市交通状况、地面建筑层数、地下空间利用现状等指标。

③ 社会经济条件准则层面，包括用地类型、基准地价及人口活跃程度等指标。

④ 地质环境条件准则层面，包括构造稳定性、工程地质条件、水文地质条件及不良地质状况等。

通过评估指标的初选、筛选和指标确立过程，得到历史文化街区地下空间可实施性评估指标体系（表 5-4）。

表 5-4　历史文化街区地下空间可实施性评估指标体系

评估目标	评估准则	评估指标
历史文化街区地下空间可实施性	历史文化街区保护限定	历史建筑保护等级
		历史建筑密度
		历史建筑地下遗存
		历史建筑质量
	外部环境条件	空间区位
		城市交通状况
		地面建筑层数
		地下空间利用现状
	社会经济条件	用地类型
		基准地价
		人口活跃程度
	地质环境条件	构造稳定性
		工程地质条件
		水文地质条件
		不良地质状况

来源：作者自绘。

该评估指标体系共包含三个层次：第一个层次为评估目标，即历史文化街区地下空间可实施性；第二个层次为评估准则，包含历史文化街区保护限定、外部环境条件、社会经济条件及地质环境条件等四个组成部分；第三个层次为各准则支配下的能够较为完整充分地对评估目标进行描述和反映的 15 个评估指标。

5.3.3　地下空间可实施性评估的指标权重计算

在可实施性评估指标体系确立的基础上，为进行后续评估目标的量化实现，须对指标体系的各评估准则及准则支配下的各评估指标进行权重计算，即对其重要程度进行定量化排序，通常包括以下几个步骤：

① 建立不同分析对象的层次结构模型；

② 构建两两对比判断矩阵；

③ 在计算得出判断矩阵最大特征根及特征向量的基础上展开一致性检验；

④ 计算各层元素相对评估目标的合成权重。

1. 可实施性评估指标层次结构模型的建立

可实施性评估指标层次结构模型主要包括三个层次：目标层、准则层及指标层，分别代表评估的目标、实现目标所需考虑的若干准则，以及准则各自支配下的若干相关指标。系统层次建立后加上简明编号表达，可以为后续的判断矩阵构造提供便利。

据前文所得结论，历史文化街区地下空间可实施性评估指标层次结构模型如图 5-4 所示。

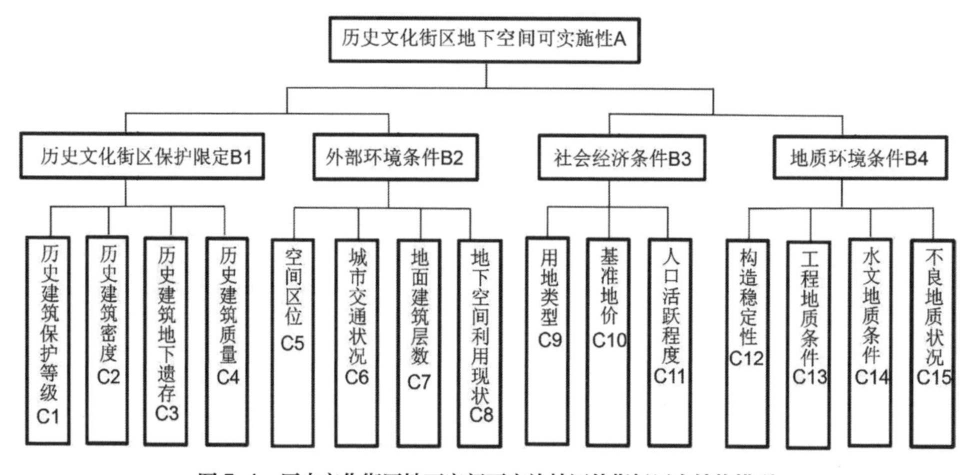

图 5-4　历史文化街区地下空间可实施性评估指标层次结构模型

（来源：作者自绘）

2. 可实施性评估指标判断矩阵的构建

在利用层次分析法进行复杂多层次问题的分析决策时，各层次元素之间的相对重要性仍需要人工主观判断的参与，为了保证评估指标权重的相对权威性及评估结果的科学合理性，通过专家打分法对各元素间相对重要程度进行打分，在经过权重计算及一致性检验之后，对检验通过的权重进行算术平均值计算，获取最终综合评分。

根据打分结果构建判断矩阵，判断矩阵用于表示某一层次如 B 层准则支配下的 C 指标层中的各相关元素 c_1，c_2，…，c_n 之间相对于 B 层准则的重要程度（表 5-5）。

表 5-5　判断矩阵

B	c_1	c_2	…	c_j	…	c_n
c_1	c_{11}	c_{12}	…	…	…	c_{1n}
c_2	c_{21}	c_{22}	…	…	…	c_{2n}
…	…	…	…	…	…	…
c_i	…	…	…	c_{ij}	…	c_{in}
…	…	…	…	…	…	…
c_n	c_{n1}	c_{n2}	…	c_{nj}	…	c_{nn}

来源：作者自绘。

评估指标构造矩阵的打分标准采用 1 ～ 9 标度法，用 1 至 9 之间的数字来表示各层次不同元素之间的相对重要性。即在 c_{ij} 代表 B 准则下 i 元素相对 j 元素的重要程度的情况下，c_{ij}=1 表示 i 元素相对 j 元素同等重要，c_{ij}=9 表示 i 元素相对 j 元素极度重要（表 5-6）。

表 5-6　C 准则层下两两因素对比的标度含义

标度	含义
c_{ij}=1	c_i 和 c_j 两个因素具有同等的重要性
c_{ij}=3	两个因素相比，c_i 比 c_j 稍微重要
c_{ij}=5	两个因素相比，c_i 比 c_j 明显重要
c_{ij}=7	两个因素相比，c_i 比 c_j 强烈重要
c_{ij}=9	两个因素相比，c_i 比 c_j 极度重要
c_{ij}=2n，n=1，2，3，4	c_{ij}=2n 的重要性介于 c_{ij}=2n − 1 和 c_{ij}=2n + 1 之间
a_{ij}=1/n，n=1，2，…，9	若因素 a_i 与 a_j 的重要性之比为 a_{ij}，那么因素 a_j 与 a_i 的重要性之比为 1/ a_{ij}

来源：作者自绘。

3. 可实施性评估指标权重的确定

专家打分结果的指标排序及一致性检验方法是在两两对比判断矩阵构造完成的基础上，采取根法（即几何平均法） 进行矩阵特征向量值的计算。在此基础上，通过最大特征根的计算进行一致性检验，具体步骤如下。

首先通过下列公式计算得出每行元素的乘积 Q_i:

$$Q_i=\prod_{j=1}^{n} m_{ij} \quad (i=1,\ 2,\ \cdots,\ n) \tag{5-3}$$

随后计算 Q_i 的 n 次方根 $\bar{W}_i$:

$$\bar{W}_i=\sqrt[n]{Q_i} \quad (i=1,\ 2,\ \cdots,\ n) \tag{5-4}$$

通过下列公式展开 Q_i 的归一化处理，可得权重向量 W_i:

$$W_i=\frac{\bar{W}_i}{\sum_{i=1}^{n}\bar{W}_i} \quad (i=1,\ 2,\ \cdots,\ n) \tag{5-5}$$

在完成权重的计算之后，可通过以下公式计算得出判断矩阵的最大特征根，用于后续一致性检验：

$$\lambda_{\max}=\frac{1}{n}\sum_{i=1}^{n}\frac{(MW)_i}{W_i} \quad (i=1,\ 2,\ \cdots,\ n) \tag{5-6}$$

其中$\boldsymbol{M}$为判断矩阵，W_i是权重向量的第i个分量，$\boldsymbol{W}$为权重列向量，n为矩阵阶数。

将最大特征根带入一致性指标 CI 公式检验矩阵一致性，通常要求 CI ≤ 0.1。

$$\mathrm{CI}=\frac{\lambda_{\max}-n}{n-1}$$

当矩阵阶数 $n \geqslant 3$ 时，须引入判断矩阵平均随机一致性指标 RI，平均随机一致性指标对照表如表 5-7 所示：

表 5-7 平均随机一致性指标对照表

阶数	1	2	3	4	5	6	7	8	9
RI	0	0	0.52	0.89	1.12	1.26	1.36	1.41	1.46

来源：刘家韦华．近代历史文化街区地下空间可实施存量评估方法[D]．邯郸：河北工程大学，2019.

一致性比例 CR=CI/RI，若 CR < 0.1，则认为一致性可以接受，归一化后的特征向量即为权重；当 CR > 0.1 时，须对判断矩阵进行适当的修改调整。

根据上述流程，整理 6 名专家打分情况，通过层次分析法进行评估指标体系各准则及指标的权重计算，经过调整使所得结果均通过一致性检验，可得天津市历史文化街区地下空间可实施性评估体系下专家打分准则层（B1 历史文化街区保护限定、B2 外部环境条件、B3 社会经济条件、B4 地质环境条件）各因子在地下空间不同深度层次的权重综合结果（表 5-8）。

表 5-8　专家打分准则层各因子在地下空间不同深度层次的权重综合结果

目标层	浅层				中层				次深层				深层			
准则层	B1	B2	B3	B4	B1	B2	B3	B4	B1	B2	B3	B4	B1	B2	B3	B4
专家1	0.36	0.41	0.14	0.09	0.25	0.42	0.22	0.11	0.28	0.34	0.24	0.14	0.28	0.34	0.24	0.14
专家2	0.28	0.06	0.07	0.59	0.32	0.04	0.08	0.57	0.25	0.05	0.05	0.65	0.21	0.05	0.05	0.68
专家3	0.30	0.09	0.04	0.57	0.22	0.05	0.05	0.68	0.07	0.04	0.25	0.63	0.08	0.26	0.06	0.60
专家4	0.27	0.24	0.38	0.12	0.28	0.34	0.24	0.14	0.20	0.29	0.24	0.27	0.15	0.11	0.23	0.51
专家5	0.35	0.19	0.35	0.11	0.31	0.20	0.37	0.12	0.27	0.21	0.28	0.24	0.20	0.15	0.21	0.44
专家6	0.51	0.09	0.11	0.29	0.37	0.08	0.09	0.47	0.23	0.04	0.11	0.61	0.27	0.04	0.06	0.62
平均值	0.35	0.18	0.18	0.30	0.29	0.19	0.17	0.35	0.22	0.16	0.19	0.42	0.20	0.16	0.14	0.50

资料来源：作者整理。

指标层共计 15 项评估指标（C1 历史建筑保护等级、 C2 历史建筑密度、 C3 历史建筑地下遗存、 C4 历史建筑质量、 C5 空间区位、 C6 城市交通状况、 C7 地面建筑层数、 C8 地下空间利用现状、 C9 用地类型、 C10 基准地价、 C11 人口活跃程度、 C12 构造稳定性、 C13 工程地质条件、 C14 水文地质条件、 C15 不良地质状况），专家打分指标层各因子在地下空间不同深度层次的权重综合结果如表 5-9 至表 5-12 所示。

表 5-9　专家打分指标层各因子在地下空间不同深度层次的权重综合结果（浅层地下空间）

指标层	专家 1	专家 2	专家 3	专家 4	专家 5	专家 6	平均值
C1	0.41	0.70	0.45	0.39	0.56	0.69	0.53
C2	0.11	0.11	0.04	0.08	0.13	0.04	0.09
C3	0.36	0.06	0.14	0.41	0.21	0.16	0.22
C4	0.12	0.13	0.37	0.12	0.10	0.11	0.16
C5	0.29	0.49	0.10	0.20	0.26	0.38	0.28
C6	0.50	0.07	0.06	0.24	0.20	0.13	0.20
C7	0.11	0.12	0.19	0.22	0.23	0.13	0.17
C8	0.11	0.32	0.65	0.35	0.31	0.38	0.35
C9	0.43	0.48	0.09	0.47	0.55	0.61	0.44

（续表）

指标层	专家 1	专家 2	专家 3	专家 4	专家 5	专家 6	平均值
C10	0.43	0.11	0.09	0.15	0.21	0.17	0.19
C11	0.14	0.41	0.82	0.38	0.24	0.22	0.37
C12	0.37	0.04	0.57	0.44	0.13	0.04	0.27
C13	0.14	0.18	0.26	0.22	0.35	0.16	0.22
C14	0.21	0.09	0.11	0.15	0.24	0.09	0.15
C15	0.28	0.69	0.06	0.19	0.28	0.71	0.37

来源：作者整理。

表 5-10　专家打分指标层各因子在地下空间不同深度层次的权重综合结果（中层地下空间）

指标层	专家 1	专家 2	专家 3	专家 4	专家 5	专家 6	平均值
C1	0.36	0.35	0.27	0.40	0.46	0.62	0.41
C2	0.11	0.06	0.06	0.11	0.08	0.05	0.08
C3	0.28	0.31	0.60	0.37	0.32	0.19	0.34
C4	0.26	0.28	0.07	0.12	0.14	0.14	0.17
C5	0.24	0.23	0.04	0.29	0.22	0.35	0.23
C6	0.51	0.08	0.09	0.21	0.31	0.10	0.22
C7	0.14	0.08	0.58	0.25	0.25	0.10	0.23
C8	0.10	0.61	0.29	0.25	0.22	0.45	0.32
C9	0.50	0.58	0.19	0.42	0.55	0.61	0.48
C10	0.25	0.18	0.08	0.25	0.21	0.17	0.19
C11	0.25	0.23	0.73	0.33	0.24	0.22	0.33
C12	0.35	0.05	0.69	0.21	0.14	0.04	0.25
C13	0.35	0.30	0.04	0.34	0.37	0.13	0.25
C14	0.19	0.30	0.09	0.26	0.23	0.13	0.20
C15	0.11	0.35	0.18	0.19	0.27	0.70	0.30

来源：作者整理。

表 5-11　专家打分指标层各因子在地下空间不同深度层次的权重综合结果（次深层地下空间）

指标层	专家 1	专家 2	专家 3	专家 4	专家 5	专家 6	平均值
C1	0.33	0.31	0.09	0.32	0.29	0.31	0.28
C2	0.22	0.07	0.18	0.13	0.13	0.07	0.13
C3	0.13	0.28	0.67	0.31	0.36	0.28	0.34
C4	0.33	0.34	0.06	0.23	0.23	0.34	0.25
C5	0.23	0.35	0.24	0.21	0.28	0.35	0.28
C6	0.49	0.11	0.07	0.29	0.22	0.11	0.21
C7	0.16	0.08	0.04	0.21	0.26	0.08	0.14
C8	0.12	0.46	0.64	0.29	0.23	0.46	0.37
C9	0.49	0.33	0.19	0.36	0.26	0.12	0.29

（续表）

指标层	专家 1	专家 2	专家 3	专家 4	专家 5	专家 6	平均值
C10	0.31	0.41	0.06	0.22	0.51	0.61	0.35
C11	0.20	0.26	0.74	0.43	0.23	0.27	0.35
C12	0.28	0.04	0.46	0.23	0.32	0.04	0.23
C13	0.37	0.19	0.04	0.37	0.29	0.15	0.23
C14	0.23	0.23	0.10	0.21	0.22	0.15	0.19
C15	0.12	0.55	0.40	0.20	0.17	0.66	0.35

来源：作者整理。

表 5-12　专家打分指标层各因子在地下空间不同深度层次的权重综合结果（深层地下空间）

指标层	专家 1	专家 2	专家 3	专家 4	专家 5	专家 6	平均值
C1	0.27	0.32	0.14	0.32	0.31	0.36	0.29
C2	0.26	0.05	0.07	0.13	0.10	0.17	0.13
C3	0.13	0.32	0.74	0.31	0.30	0.24	0.34
C4	0.34	0.32	0.05	0.23	0.30	0.24	0.24
C5	0.26	0.32	0.29	0.22	0.27	0.32	0.28
C6	0.45	0.06	0.09	0.39	0.30	0.06	0.23
C7	0.17	0.06	0.04	0.22	0.18	0.06	0.12
C8	0.12	0.56	0.58	0.16	0.26	0.56	0.37
C9	0.40	0.43	0.19	0.37	0.22	0.22	0.31
C10	0.40	0.50	0.06	0.37	0.45	0.61	0.40
C11	0.20	0.07	0.74	0.26	0.33	0.17	0.30
C12	0.27	0.04	0.29	0.20	0.30	0.04	0.19
C13	0.36	0.28	0.04	0.40	0.31	0.31	0.28
C14	0.26	0.06	0.12	0.22	0.24	0.07	0.16
C15	0.11	0.62	0.55	0.18	0.15	0.58	0.37

来源：作者整理。

5.4 可实施性实证分析——天津中心城区五大道等历史文化街区

5.4.1 研究范围及区域概况

天津市历史文化街区是在传统老城中心及近代九国租界的基础上演变发展而来的，沿海河东西两侧分布，主要位于今和平区，部分位于今南开区、红桥区、河北区、河东区及河西区，是典型的存在于城市核心地带的历史文化街区。研究范围内的历史文化街区包括：五大道历史文化街区、泰安道历史文化街区、解放南路历史文化街区、解放北路历史文化街区、承德道历史文化街区、中心花园历史文化街区、赤峰道历史文化街区、劝业场历史文化街区、鞍山道历史文化街区、老城厢历史文化街区、古文化街历史文化街区、估衣街历史文化街区、一宫花园历史文化街区及海河历史文化街区等共计 14 片历史文化街区（图 5-5），总用地面积 992.81 公顷，其中核心保护范围 430.06 公顷，建设控制地带 562.75 公顷。

该区域是天津市人口较为密集、经济较为发达的地区，随着经济的发展，其地面空间的利用已趋于饱和、人地矛盾突出。

5.4.2 历史沿革

天津从明永乐二年（公元 1404 年）建卫至今已有六百余年的建城史，天津旧城所在地即为现今老城厢地区。第二次鸦片战争结束后，1860 年清政府被迫划天津为通商口岸，英、法、美三国最先于天津城南紫竹林一带设立租界。随后的几十年间，越来越多的帝国主义国家在天津强占租界，各国租界不断地增设及扩张，逐渐形成了现今天津市中心城区历史文化街区的基础，20 世纪早期天津地图（局部）、天津原租界分布如图 5-6、图 5-7 所示。

由图可见，现今天津 14 片历史文化街区主要由天津旧城所在的老城厢和原英、法、日、俄、德、意、比、奥等租界两部分组成。各国不同的建筑风格和文化内涵相互交融，“拼贴”发展为具有丰富和深厚历史文化的天津。

天津市历史文化街区的保护发展经历了雏形、初定、规范化界定、精细化管理

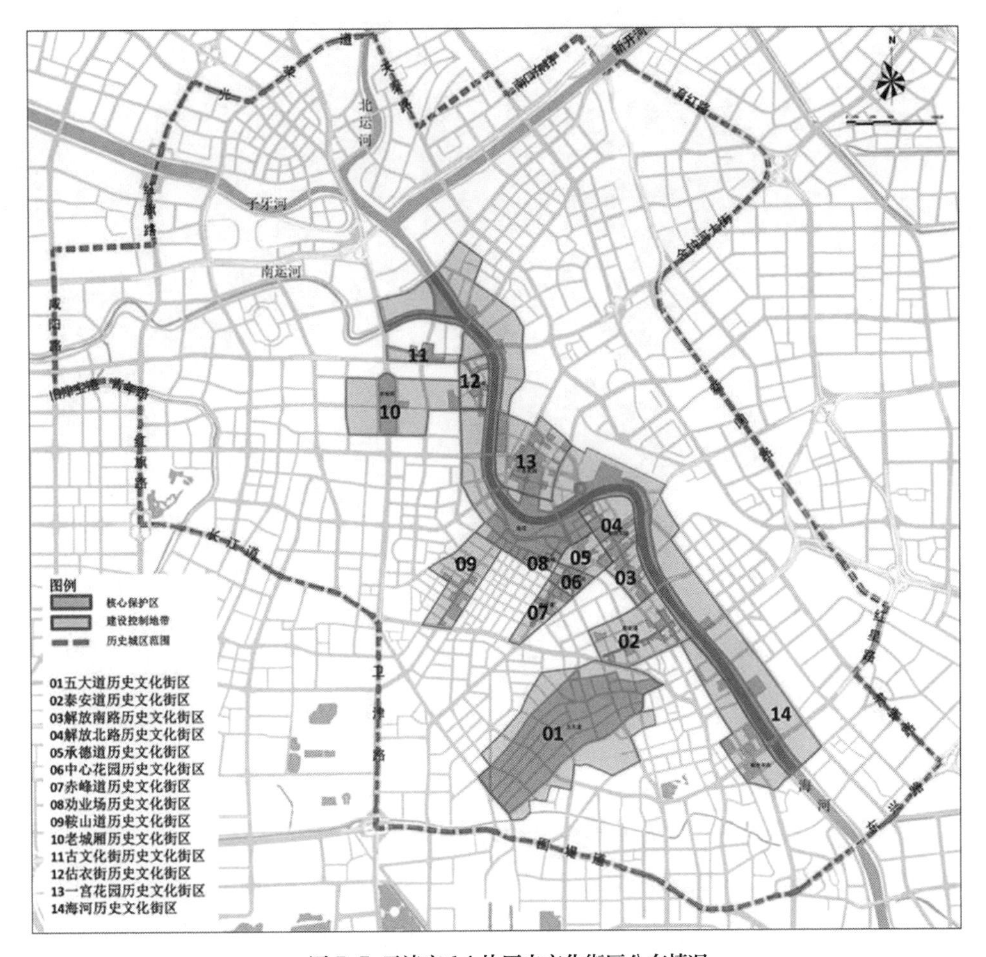

图 5-5 天津市 14 片历史文化街区分布情况

（来源：《天津中心城区紫线规划（2011）》）

等几个时期。

1986 年，天津被列入国家第二批历史文化名城名录。《天津市城市总体规划（1996—2010）》对城市特色的分析和现状问题进行了总结，提出保护规划原则、保护内容、合理利用及实施措施等方面的内容，并在中心城区内划出总面积为 822 公顷的 11 个风貌保护区，对其分别提出了保护要求。

《天津市历史文化名城保护规划（2005—2020）》划定了鞍山道、赤峰道、劝业场、承德道、中心花园、一宫花园、估衣街、五大道、解放北路等 9 片历史文化保护区，总面积为 357.3 公顷；划定了古文化街、海河、泰安道、解放南路、老城厢等 5 片

图 5-6　20 世纪早期天津地图（局部）
（来源：https://zhuanlan.zhihu.com/p/29123332）

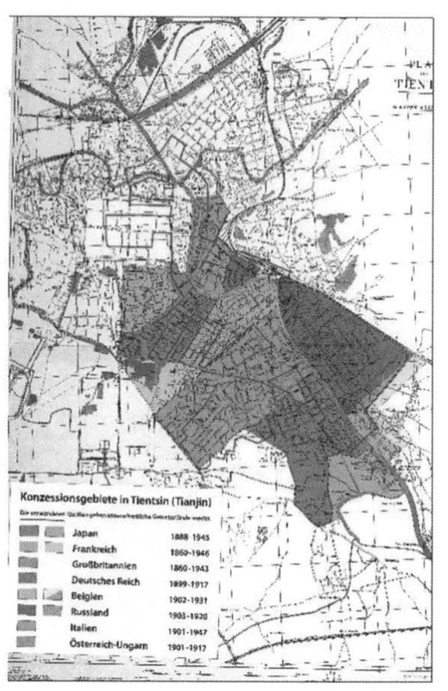

图 5-7　天津原租界分布
（来源：作者整理绘制）

历史文化风貌区，总面积为 494.8 公顷，明确了天津市的历史文化特色并提出了保护措施要求。

2008 年，《历史文化名城名镇名村保护条例》颁布实施后，天津市组织开展了历史文化街区确定及紫线保护范围的调整细化工作，以进一步规范化历史文化街区保护工作，将之前确定的历史文化风貌保护区及历史文化保护区统一确定为共计 14 片的历史文化街区；对其各自保护范围进行了重新调整，分别划定核心保护区及建设控制地带范围，并提出保护内容及控制要求，保护面积增加到 992.81 公顷。

2012 年，天津市政府批复了《天津中心城区五大道等历史文化街区保护规划（控制性详细规划）》，它针对确定的 14 片历史文化街区按照控制性详细规划的法定要求及街区保护的特殊性需求，提出保护控制要求，成为针对特殊重点地区进行专门化精细化管理的规划依据（王永立，2008）。

5.4.3　影响因子评估

根据地下空间整体利用的可实施性影响因子，建立综合评估体系，具体包括历史建筑保护等级、外部环境条件、社会经济条件、地质环境条件四个方面。

历史建筑保护等级直接影响其对地下空间可实施性的限制程度，该层面影响因子主要有：历史建筑密度、历史建筑地下遗存、历史建筑质量。其中历史建筑的密度是指某一范围内历史建筑基底面积占该范围总面积的比值。历史建筑地下可能存在的遗迹、附属（半）地下室及其他建 / 构筑物对范围内的地下空间开发利用有着直接影响。地下空间的开发建设可能会给历史建筑带来结构损伤或整体变形的潜在不良影响，故此在进行地下空间可实施性评估时，应对历史建筑的质量加以关注。

外部环境条件受到空间区位、城市交通状况、地面建筑层数、地下空间利用现状的影响。不同层次的城市或地区核心相应地对周边地区有着不同的影响程度和辐射范围，越靠近高等级的城市中心地区，在一定程度上越能够享受更便利高端的服务及更完备先进的设施，对人口有更高的吸引力，同时对地下空间开发利用的需求也相应越大。城市交通状况能够体现城市内部不同地区之间人口活力及发展水平的区别，是地下空间可实施性评估的重要影响因素。地面建筑层数对地下空间可实施性的影响主要体现在各建筑相应的基础埋深上，基础埋深关系到地基是否安全并决定了经济投入的多少和施工难度的大小。地下空间利用现状是指历史建筑地下遗存范围外的常规地区地下空间使用情况，通常的地下空间利用类型包括地下室、地下停车场、地下商场、地下交通设施及复合功能多层利用的地下综合体等，多样的地下空间利用类型对地下空间可实施性有着直接的影响。

社会经济条件受到用地类型、基准地价、人口活跃程度的影响。不同的用地类型对地下空间可实施性的影响程度不同，主要体现在用地功能的地下空间经济价值及相应的地下空间开发需求两个方面。通常来说，某地区地价越高，其相应的地下空间潜在开发价值越高，地价水平与地下空间开发建设需求与可能性存在正相关性。人口是地下空间可实施性评估需要考虑的重要方面，人口聚集所带来的城市空间需求是地下空间开发利用的基本动力之一。

地质环境条件包括构造稳定性、工程地质条件、水文地质条件及不良地质状况等宏观概念，在研究范围的街区层面较难体现以上各要素的空间分异性，故应对适用于街区层面的较为精细的可用信息进行评估。

5.4.4　评估结果

在研究区域地下空间可实施性评估不同影响因子作用下的矢量标准化分级处理结果的基础上，结合该指标在该准则支配下于不同竖向深度层次的权重值，经过ArcGIS空间分析中的叠加分析，对各指标标准化结果进行联合处理并展开加权计算，可得到天津市历史文化街区可实施性评估体系下历史文化街区保护限定层面、社会经济条件层面、地质环境条件层面分别在浅层、中层、次深层及深层四个深度层面上的综合评价（图5-8至图5-19）。

图 5-8　研究区域浅层地下空间历史文化街区保护限定评价

（来源：作者自绘）

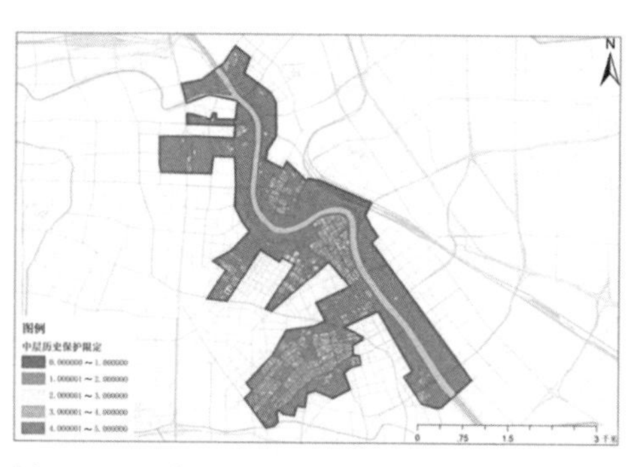

图 5-9　研究区域中层地下空间历史文化街区保护限定评价

（来源：作者自绘）

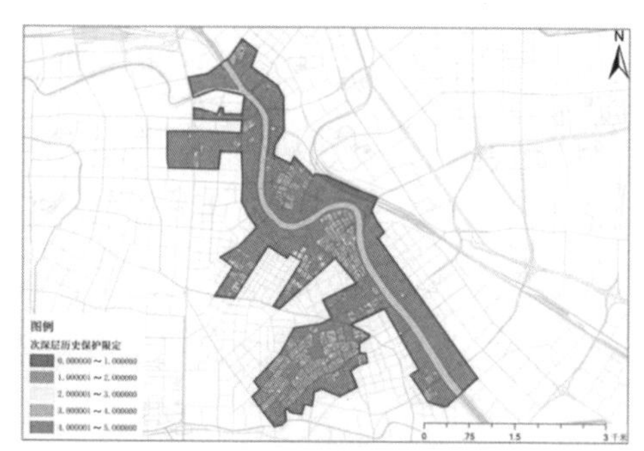

图 5-10　研究区域次深层地下空间历史文化街区保护限定评价

（来源：作者自绘）

图 5-11　研究区域深层地下空间历史文化街区保护限定评价

（来源：作者自绘）

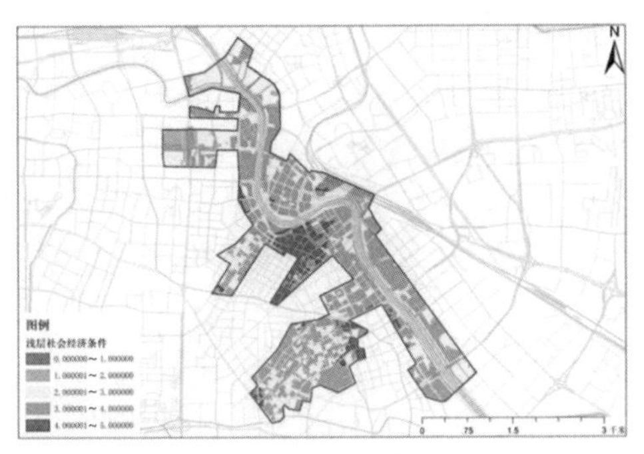

图 5-12　研究区域浅层地下空间社会经济条件评价

（来源：作者自绘）

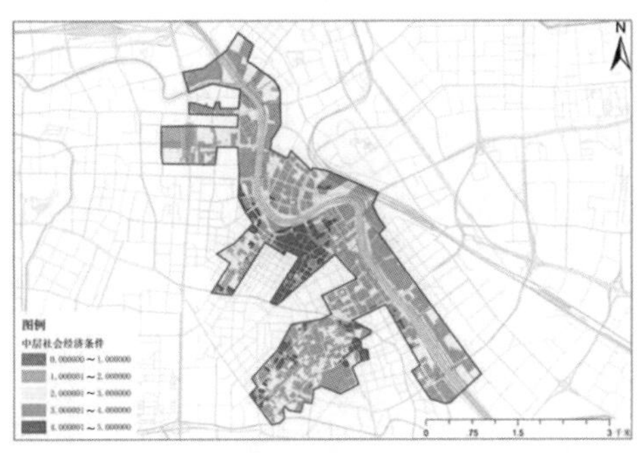

图 5-13　研究区域中层地下空间社会经济条件评价

（来源：作者自绘）

图 5-14　研究区域次深层地下空间社会经济条件评价

（来源：作者自绘）

图 5-15　研究区域深层地下空间社会经济条件评价

（来源：作者自绘）

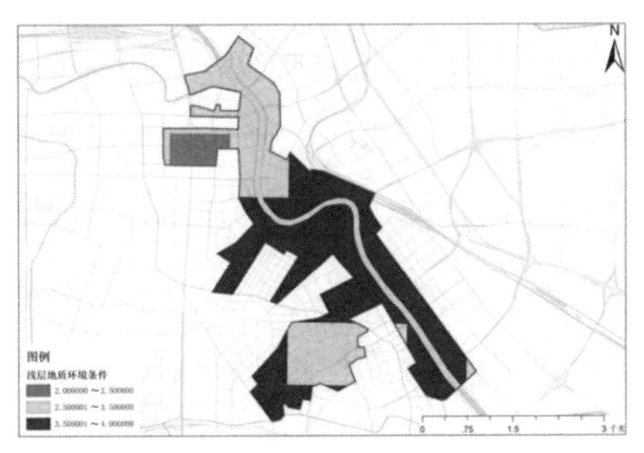

图 5-16　研究区域浅层地下空间地质环境条件评价

（来源：作者自绘）

图 5-17　研究区域中层地下空间地质环境条件评价

（来源：作者自绘）

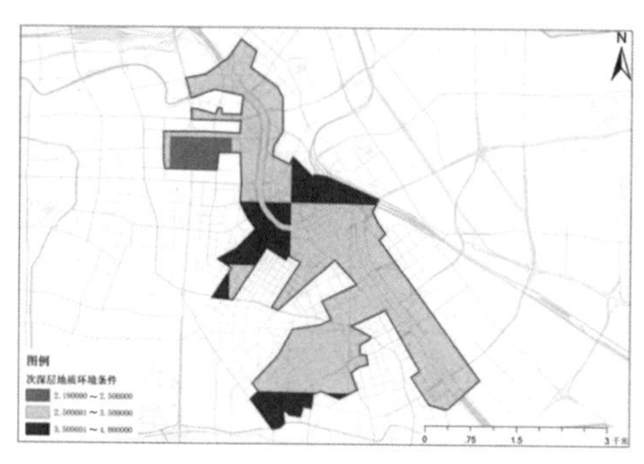

图 5-18　研究区域次深层地下空间地质环境条件评价

（来源：作者自绘）

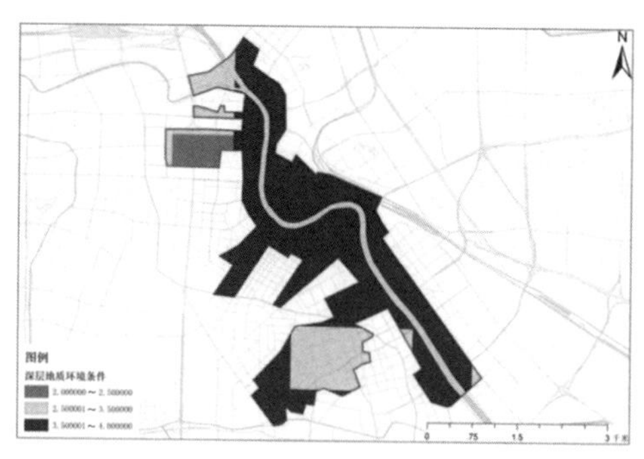

图 5-19　研究区域深层地下空间地质环境条件评价

（来源：作者自绘）

天津市历史文化街区地下空间可实施性评估各参评因子的得分均为经标准化处理后的值，结合构建的综合评估模型特点，采用等间距方法，可将历史文化街区地下空间可实施性评估结果划分为 5 个等级（表 5-13）。

表 5-13　历史文化街区地下空间可实施性评估结果等级划分

评价描述	评价结果等级划分				
综合得分	[0，1]	(1，2]	(2，3]	(3，4]	(4，5]
评价等级	一级	二级	三级	四级	五级
可实施性划分	可实施性差	可实施性较差	可实施性一般	可实施性较好	可实施性好

来源：作者自绘。

基于上文得出的天津市历史文化街区地下空间可实施性评估中各准则（历史文化街区保护限定、外部环境条件、社会经济条件、地质环境条件）在不同竖向深度层次上的评价结果，结合上文部分确立的各准则在不同竖向深度层次上相对于评估目标的权重值，在 ArcGIS 平台中对各准则评价结果进行矢量加权叠加计算，可得到天津市历史文化街区地下空间可实施性在浅层、中层、次深层、深层四个竖向深度层面上的综合评价结果（图 5-20 至图 5-23）。对 ArcGIS 中各深度层次可实施性矢量评价结果的属性表按照可实施性分值进行面积汇总并计算，可得天津市历史文化街区各深度层次不同可实施性等级的占地面积及其比例（表 5-14）。

图 5-20　天津市历史文化街区地下空间可实施性浅层综合评价结果

（来源：作者自绘）

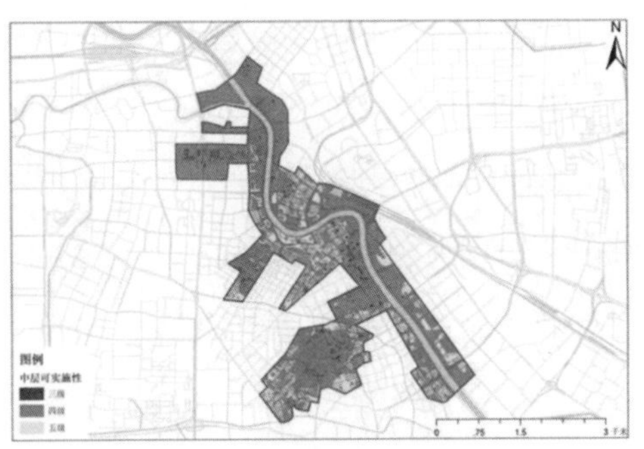

图 5-21　天津市历史文化街区地下空间可实施性中层综合评价结果

（来源：作者自绘）

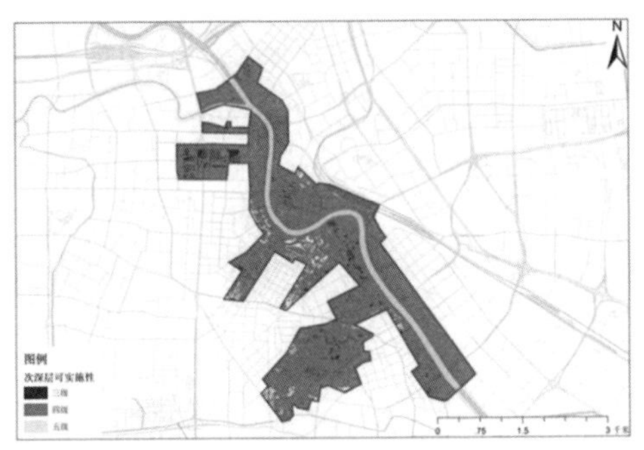

图 5-22　天津市历史文化街区地下空间可实施性次深层综合评价结果

（来源：作者自绘）

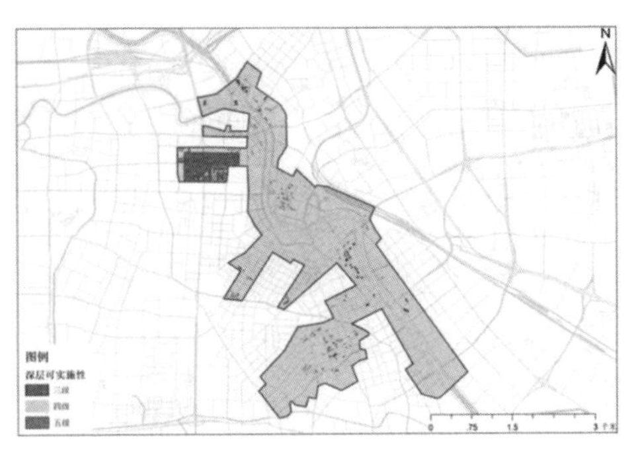

图 5-23　天津市历史文化街区地下空间可实施性深层综合评价结果

（来源：作者自绘）

表 5-14　天津市历史文化街区各深度层次可实施性评价结果统计

评价深度	评价等级	可实施性等级	占地面积 /m^2	占地比例
浅层	三级	可实施性一般	153,109.13	1.54%
	四级	可实施性较好	7,092,184.90	71.44%
	五级	可实施性好	2,682,805.97	27.02%
中层	三级	可实施性一般	178,747.64	1.80%
	四级	可实施性较好	8,322,499.84	83.83%
	五级	可实施性好	1,426,852.52	14.37%
次深层	三级	可实施性一般	219,137.65	2.21%
	四级	可实施性较好	9,463,600.80	95.32%
	五级	可实施性好	245,361.56	2.47%
深层	三级	可实施性一般	498,123.78	5.02%
	四级	可实施性较好	9,421,666.97	94.90%
	五级	可实施性好	8,309.25	0.08%

来源：作者自绘。

研究区域各竖向深度层次的地下空间范围，可实施性评价结果主要分布在四级区，浅层、中层、次深层、深层地下空间范围占地面积分别为 7,092,184.90 平方米、8,322,499.84 平方米、9,463,600.80 平方米、9,421,666.97 平方米，占研究区域总面积的比例分别为 71.44%、83.83%、95.32%、94.90%，整体呈现随竖向深度向下增加其占地面积及比例逐渐增长的趋势；分布相对较少的五级区在各深度上占研究区域总面积的比例分别为 27.02%、14.37%、2.47%、0.08%，整体呈现随竖向深度向下增加其占地面积及比例逐渐减少的趋势；分布最少的三级区在各深度上占研究区域总面积的比例分别为 1.54%、1.80%、2.21%、5.02%，虽然同四级区类似整体随竖向深度向下增加其占地面积及比例逐渐增长，但是总量面积较小，变化幅度亦不大。

在浅层地下空间可实施性评估结果中，可实施性好的五级区域较为均匀地分布在一宫花园、五大道、赤峰道、解放南路、承德道等历史文化街区及海河历史文化街区的中部南部地区；可实施性较好的四级区域主要分布于研究区域北部的老城厢、估衣街、古文化街及中部的鞍山道、解放北路等历史文化街区；可实施性一般的三级区域分布较为零散，多为受到历史保护限定要求的地区。

在中层地下空间可实施性评估结果中，可实施性好的五级区域主要分布于一宫花园、赤峰道、承德道、解放南路等历史文化街区，以及海河中部、五大道外围等地区；可实施性较好的四级区域主要分布于鞍山道、老城厢、估衣街、古文化街、解放北路等历史文化街区及五大道核心区；可实施性一般的三级区域零散分布于老城厢、一宫花园西北侧、中心花园、解放北路核心区、五大道核心区等地区。

在次深层地下空间可实施性评估结果中，可实施性好的五级区域主要分布于鞍山道南侧、赤峰道西南侧、海河中部及五大道西南部等地区；可实施性较好的四级区域较均匀地分布于各片区；可实施性一般的三级区域主要分布于老城厢、一宫花园西北侧、解放北路核心区、五大道核心区等地区。

在深层地下空间可实施性评估结果中，可实施性好的五级区域仅存在于鞍山道南侧和赤峰道南侧的局部地区；可实施性较好的四级区域较均匀地分布于各片区；可实施性一般的三级区域主要分布于老城厢、海河北侧、一宫花园西北侧、解放北路核心区及五大道核心区等地区。

整体来看，天津市历史文化街区地下空间可实施性由浅层至深层逐渐变差。浅层地下空间范围虽然受到了既有地下空间利用及历史文化街区保护要求等限定因子的最大限度的制约影响，但是由于外部环境条件、社会经济条件在浅层的影响权重相对更深层次来说更高，且相应的地质环境条件在浅层空间所占权重相对较低，表现为浅层地下空间开发效益较高且开发难度较低，使得浅层地下空间可实施性整体依然保持较高水平。随着地下空间竖向深度的增加，地质环境条件影响逐渐增大，地下空间开发效益降低且开发难度增大，使得较深层次的地下空间可实施性等级整体呈现下降趋势。

6

历史地区地上地下空间整体综合利用模式

6.1 历史地区地上地下空间整体利用要素

6.1.1 开发功能

1. 历史文化地下空间基本功能

城市地下空间是城市空间的重要组成部分，是地上空间功能的延续。

历史文化街区在城市地下空间中具有一定的特殊性。历史文化街区发展历史悠久，人为的开发活动多样，在其保护与利用过程中对地下空间的功能有独特性需求，因此历史文化街区地下空间又有别于城市其他地区地下空间。

国内外地下空间现有的开发功能，基本可分为地下交通功能、地下公共服务功能、地下防灾减灾功能、地下居住功能、地下商业功能、地下仓储物流功能、地下市政公共服务功能、地下能源环保功能。其中，地下居住功能的功能承载者为地下居住建筑，主要包括覆土住宅、单建及附建式建筑、窑洞等，地下建筑的建筑类型主要分为单建及附建式两种[1]；地下公共服务的空间承载者主要是地下公共建筑，主要包括文化娱乐、体育、教育、医疗等；地下市政管线包括给水管线、排水管线、污水管线、燃气管线、热力管线、电力管线、市政管线等。

2. 历史文化街区地下空间拓展功能

除了上述功能外，还有一些特殊功能，比如地下监狱等。历史文化街区地下还可能存在古墓、古遗址、古窑址、地下不可移动文物、古墓群等。日本在文化遗产体系中专门规定了埋藏文化遗产，我国在历史文化名城保护规划规范中也定义了地下文物埋藏区[2]。历史文化街区依靠地上地下文物就地保护，衍生出历史文化街区地下的文物展览、教育服务、旅游服务、文化展览等功能，例如法国卢浮宫博物馆的地下扩建。

1 王曦．基于功能耦合的城市地下空间规划理论及其关键技术研究 [D]. 南京：东南大学，2015.

2 地下文物埋藏区是地下文物集中分布的地区，由城市人民政府或行政主管部门公布为地下文物埋藏区，地下文物包括城市地面之下的古文化遗址、古墓葬、古建筑。

6.1.2 开发深度

城市地下空间资源深度可划分为浅层地下空间、次浅层地下空间、次深层地下空间、深层地下空间（表 6-1）。

表 6-1　城市地下空间资源深度划分

深度划分	浅层地下空间	次浅层地下空间	次深层地下空间	深层地下空间
深度 h / m	$0.0 \leqslant h \leqslant 15.0$	$15.0 < h \leqslant 30.0$	$30.0 < h \leqslant 50.0$	$h > 50.0$

来源：作者自绘。

由于现代化、工业化进程的差异，国外地下空间开发深度标准高于国内。应根据国内不同地下空间开发类型划定城市地下空间各功能开发深度（表 6-2），但历史文化街区地下空间具有一定的特殊性，在划定其开发深度时应注重其可协调性与灵活性。

表 6-2　城市地下空间各功能开发深度

开发类型		国内开发深度	国内开发深度层次	与地面的衔接
地铁	区间隧道	0 ～－15 m；－15 ～－30 m；－30 ～－50 m	浅层、中层、次深层	—
	车站	－15 ～－30 m	中层	车站出入口
地下道路		－30 ～－50 m	中、次深层	道路出入口
地下停车场		0 ～－15 m	浅层	停车场出入口
地下商业		0 ～－15 m	一般为地下一层，可以达到地下三层但是比较少	与地上建筑结合设置地上出入口
地下物流		－30 ～－50 m；－50 m 以下	次深层、深层	历史文化街区不适宜建设
地下文化娱乐体育设施		0 ～－15 m	浅层	结合建筑物建设出入口

来源：作者自绘。

6.1.3 开发形态

城市地下空间的开发形态是功能布局的外在形式，历史文化街区地下空间的形态类型主要包括竖向立体形态和平面形态两类。竖向立体形态与平面形态共同构成了历史文化街区地上地下空间整体开发的整体利用形态，而城市地下空间的开发形态主要包括点、线、面三种基本模式，以及由这三种形态延伸出来的衍生形态（王文卿，2000）。其中，历史文化街区地下空间的点状要素主要分布于历史文化街区各处，例如地上地下的转换节点、出入口等；线状要素主要是街区地下呈线状形态的地铁、地下道路、地下商业街及敷设的市政管线、地下综合管廊等，城市地下线状形态在竖向上主要表现为直线、曲线、螺旋曲线状的通道，包括地下通往地面的地下停车场车道、楼梯等（谭卓英，2015），它们是城市地下点状要素的连接要素，将地下分散的空间串联，最终形成地下空间开放式的网络状结构；面状要素为大型建筑地下空间、多栋建筑组合形成的占地面积较大或者竖向开发深度较深的整体性空间，主要包括面积较大但功能相对单一的空间，以及分布集中、有一定规模的多功能集合体。

6.2 历史地区地上地下空间功能维度整体利用模式

6.2.1 历史地区地上地下空间功能耦合关系

1. 功能耦合方式

历史文化街区的功能耦合从三维角度来说包括地面功能耦合、地下功能耦合及地上地下功能耦合三种方式。耦合程度影响着历史文化街区地下空间的整体利用情况，良性的耦合有利于人流的集聚流动，使历史文化街区重新焕发活力。

历史街区功能、定位与其他城市区域存在一定差异。通过分析现状地上功能之间的耦合关系，为其地上功能、地下功能间的耦合提供一定依据，有利于在历史文化街区一定区域内集聚耦合性良好的功能，从而实现各功能的高效集约化利用。地下功能部分是地上建筑的附属功能，为地面功能服务，是地上功能的延伸，如部分建筑地下空间为地上空间提供存储、机房设备空间等；另一部分功能具有一定的独立性，与地上空间功能之间相互影响与耦合，共同实现功能的一体化。除了考虑历史文化街区地上地下功能耦合关系（图 6-1），还应根据功能在地下空间各深度的适应程度来选择功能耦合方式。

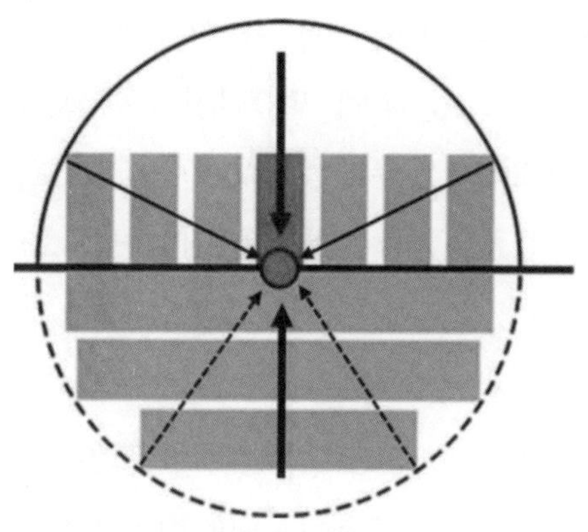

图 6-1　历史文化街区地上地下功能耦合关系

（来源：作者自绘）

2. 地上功能活跃点是历史文化街区地下功能激活点

地上功能活跃点一般指历史文化街区人流集聚点，如重点建筑、公共空间等。在历史文化街区开发的过程中，地上活力值高的地段地下空间开发的价值与需求也大，是地下空间功能集聚及地下路径选择的重要依据。

对地上活力点的有效组织，有利于历史文化街区形成地上地下三维流线。利用地下空间重新组织历史文化街区旅游路线，可以提升历史文化街区游览时的连贯性和舒适性。

历史文化街区地下空间整体化利用需要根据历史文化街区更新的要求，按照近远期发展的过程不断推进。在功能开发的过程中，尤其是在历史文化街区地下浅层功能开发中，地上具有活力的功能点具有更高的可连通性和吸引力。一般情况下，历史文化街区地面空间中，历史文化遗产所在地的活跃度最高，这与游客的出行目的相关，也与餐饮、宾馆、购物零售等商业功能有关。历史文化街区，尤其是旅游线路组织存在问题或障碍的街区，可以通过地下空间的利用重新组织文化旅游路径。

3. 地下功能连通性是历史文化街区地下功能混合的前提

功能间的混合利用有利于地下、地上空间的高效运作，从功能需求的角度来说，部分功能具有私密性要求，因此需要减少与其他开放性功能的过度连通，开放性较高的功能之间的相互连通有利于人们出行需求及功能之间的互惠互利。对于存量地下空间，尤其是受历史文化街区地面保护限制条件影响较大的地下空间，不应过分追求地下空间的连通，应只对必要的功能进行连通，因此需要根据功能特性进行选择。

将地面的部分功能移入地下，不同功能对环境、流线组织等要求均不同，因此需要引入地面自然环境且需要与外界进行频繁联系的功能应当被放置在浅层，通过采光、通风井与地上空间联系；无自然采光需求但需要人流引入的功能可以被放置在次浅层，对地面自然环境要求不高且与地面联系较弱的功能可以被布置在深层（格兰尼等，2005）。

不同深度的地下空间的热性能、土层、地下水等地质性能皆不相同，适用于一些特殊功能的选择。不同深度与地面空间之间的相关性不同，历史文化街区地下空间的功能，尤其是浅层地下空间的功能，与地上空间的功能相关度高，地下深度越深，相关度越低，地下空间功能的混合性越低，地下空间利用的密度也越低。

6.2.2 历史文化街区功能整体利用模式

以历史文化街区地面高活跃度功能作为地下空间功能利用的激活点（图 6-2）。在开发利用初期应当充分利用高活跃度点来带动整体发展。通过对功能活跃度的分析可知，历史文化街区地面活跃功能主要包括地面开放度高、具有一定品牌效应的历史文化功能、游览功能及商业功能等。

地上、地下空间的功能之间存在耦合关系，可以充分利用这种耦合关系提高该区域的功能开发强度和功能混合程度。同时也可以通过对地面功能的置换调整等手段优化功能耦合关系，使调整优化区域功能产生的效益更高。

各功能点或者区域之间的连通，应当选择现有或规划建设连通性较高的功能进行联系，其中在以通道等通过性交通功能为主的空间进行联系时，可在两侧或周围结合布置连通性较高的功能，这样不仅可以提高通道的活跃度，也可以增加行人的安全感。

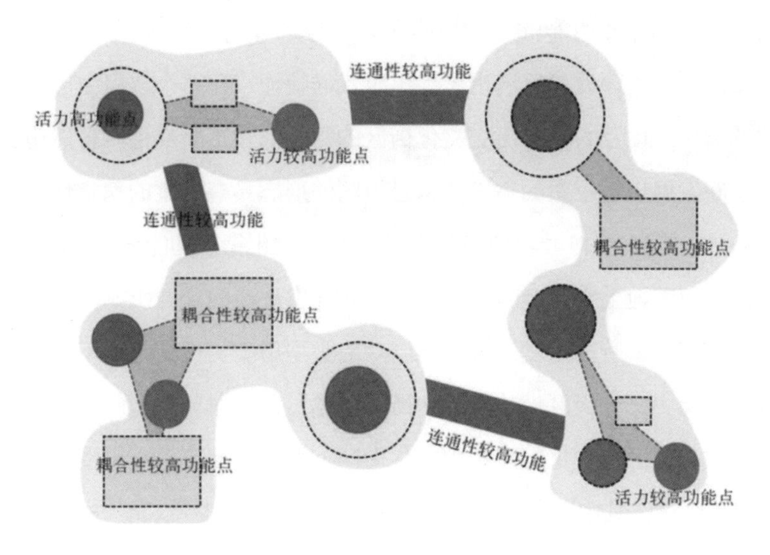

图 6-2　历史文化街区地下空间功能利用的激活点

（来源：作者自绘）

6.3　历史地区地上地下空间形态维度整体利用模式

6.3.1　历史文化街区功能对空间形态的影响

1. 历史文化街区功能对形态特征的影响

不同功能适应的建筑形式不同：居住类建筑、商业类建筑、宗庙类建筑、行政类建筑、皇家建筑在建筑尺度、占地规模、组织方式等方面均有不同，如古代传统商业类建筑采用前店后宅、上宅下店的建筑形式，宗教类建筑、皇家建筑具有固定形制，所对应承载的功能不尽相同。

不同功能对街区肌理的影响不同：不同功能的灵活性、需求度及建筑单体之间的组织方式不同，同一种功能之间的集聚，如商业、文化、行政功能的集聚，形成的街区肌理在建筑密度、建筑组合等方面有明显差异；不同功能之间的集聚，如商业与交通等功能的集聚，彼此相互作用，最终促进城市空间形成了点、线、面状形态，这与商业功能所具有的灵活性息息相关。

2. 历史文化街区功能演变

历史文化街区的建设与发展也体现出时代的特征，在这个过程中历史文化街区自身发展的需要，以及人们对历史文化街区的需求都在不断变化。虽然历史文化街区功能在不断发展以适应新的需求，但是街区的形态具有一定的稳定性，空间形态与街区的初始功能和主体功能具有密切联系，历史文化街区功能变迁如图 6-3 所示。

历史文化街区地上空间形态是其地下空间开发形态的重要影响因素，从街区功能对城市形态产生影响的角度来分析不同功能类型历史文化街区地下空间整体利用形态模式，以历史文化街区现状主导功能为依据，分为居住类型历史文化街区、商业类型历史文化街区、文化类型历史文化街区、综合类型历史文化街区和工业遗址类型历史文化街区，其中综合类型历史文化街区应当结合混合功能进行具体分析。

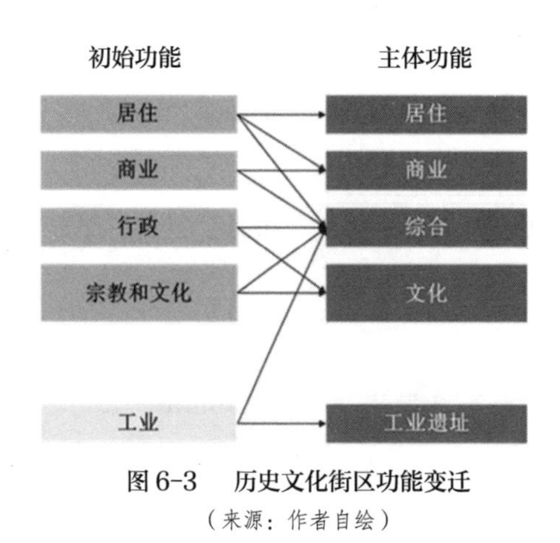

图 6-3　历史文化街区功能变迁

（来源：作者自绘）

6.3.2　不同功能类型历史文化街区空间形态特征

历史文化街区地上空间形态是地下空间开发形态的重要影响因素，又与街区的功能息息相关，鉴于此，对不同功能类型历史文化街区的街区肌理、道路交通进行分析，并将分析结果作为其地下空间开发形态模式研究的基础。

1. 街区肌理

历史文化街区肌理决定了后续开发模式的选择，通过分析建筑尺度、开敞空间等方面的差异性，为开发利用模式研究提供依据，不同功能类型历史文化街区肌理如表 6-3 所示。

表 6-3　不同功能类型历史文化街区肌理

历史文化街区类型	街区肌理
居住类型历史文化街区	 
商业类型历史文化街区	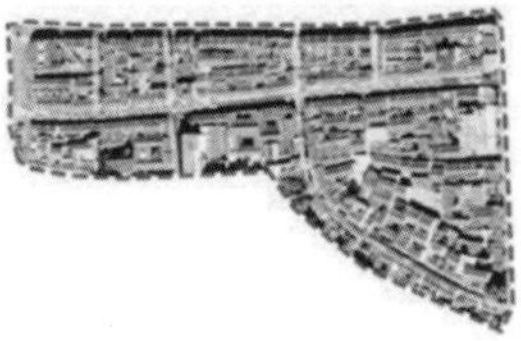 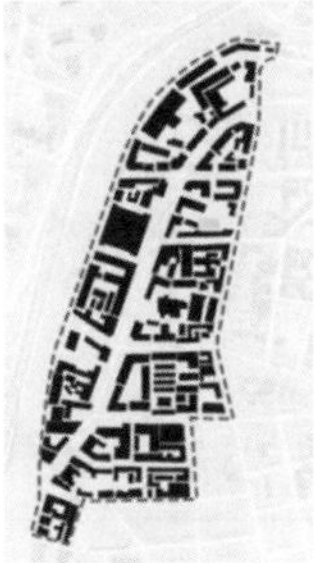 
文化类型历史文化街区	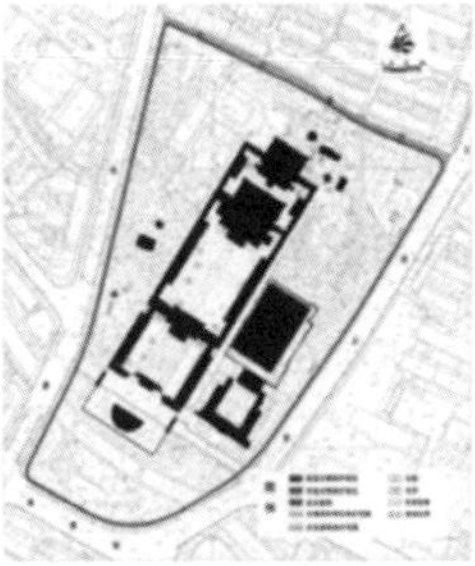
工业遗址类型历史文化街区	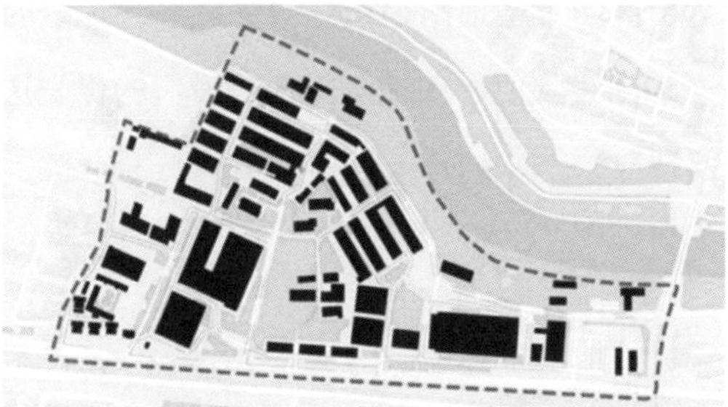

来源：作者自绘。

不同功能类型历史文化街区的街区肌理特征如表 6-4 所示，街区建筑尺度等对地下空间的影响主要体现在对地下附建建筑的功能利用方面，一般来说地面开敞空间数量越多、开放性越强、规模越大、分散程度越适当，地下空间利用越容易；权属越简单，越有利于地下空间实施，地下保护建筑分布越集中，越有利于地下空间利用。

表 6-4　不同功能类型历史文化街区的肌理特征

功能	建筑尺度	公共空间	权属
居住类型历史文化街区	小	相对分散且面积小	权属复杂，居民所有
商业类型历史文化街区	部分由民居转变为商业功能，因此部分尺度与民居类型相似，其余相较于居住类型较大	集中与分散相结合，面积适中	权属相对复杂
文化类型历史文化街区	建筑的尺度较大，多为一组建筑物或分散的大型单体建筑物	相对集中，通常具有较大面积的公共空间	大多是公共建筑，权属相对简单
工业遗址类型历史文化街区	建筑尺度大多为近代建筑	面积相对较大	权属相对简单

来源：作者自绘。

2. 道路交通

通过对不同功能类型历史文化街区地面道路形态的分析可以看出，居住类型历史文化街区主要道路主要满足居民日常进出的交通需求；商业类型历史文化街区一般有一条或者多条主要道路用于商业购物、对外交通功能；文化类型历史文化街区地面道路分布形态自由，以行人观光游览为主；工业遗址类型历史文化街区地面道路等级分明，路面较宽，不同功能类型历史文化街区道路特征图示如图 6-4 所示。

历史文化街区的主要道路是街区对外联系、疏散的重要通道，同时也是地下空间利用的重要地面线状要素和地面出入口设置的优先选择区域，不同功能类型历史文化街区道路特征如表 6-5 所示。

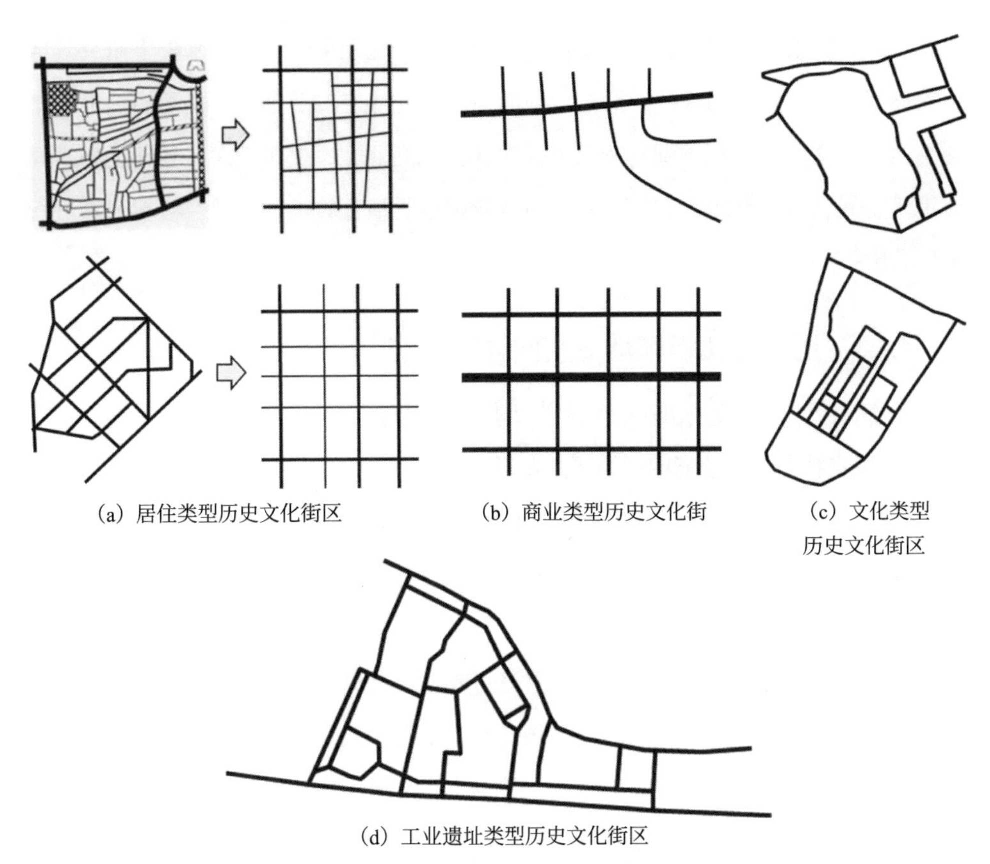

（a）居住类型历史文化街区　（b）商业类型历史文化街　（c）文化类型历史文化街区

（d）工业遗址类型历史文化街区

图 6-4　不同功能类型历史文化街区道路特征图示

（来源：作者自绘）

表 6-5　不同功能类型历史文化街区道路特征

功能	外向性	通行方式	街道形态	备注
居住类型历史文化街区	内向性	步行为主，近代小区人行与车行兼有	传统街坊道路自由生长，近代居住小区道路网络形态街道呈现鱼骨状、方格网状、复合形式，传统商业前店后宅、上宅下店的模式。一般具有对外连通的主要道路	石板路面、条石路面、混凝土路等
商业类型历史文化街区	外向性与内向性兼具	步行为主，兼具车行		
文化类型历史文化街区	外向性	步行为主	建筑群部分的步行交通具有秩序性，另外多有弯曲的小道	
工业遗址类型历史文化街区	从内向性向外向性转变	人行、车行	现代道路路面较宽，通畅度高	

来源：作者自绘。

不同功能主导类型的历史文化街区空间形态存在差异性，在此基础上研究其地下空间形态整体化利用模式，通过对地面街区功能决定的肌理和道路形态的分析，总结出地下空间利用从难到易依次为：居住型、商业型、文化型、工业遗址型，同时地下空间利用难度较大的历史文化街区应采用灵活性较高的点状、线状要素进行整体利用。

6.3.3 历史文化街区地下空间开发形态

1. 居住型历史文化街区地下空间开发形态

1）以点状为基本要素的网络式开发形态

居住型历史文化街区地下空间开发应当以点状为基本要素，通过线状通道将节点连通，形成多中心式的地下空间开发形态，通过开放、半开放空间或者地铁枢纽与外部沟通。

节点空间主要由绿地、广场等开敞空间或者具有良好地下空间开发条件的建筑组成。居住类型历史文化街区内部道路多呈自由生长式，有主要道路对外沟通，可以利用主要道路串联地下空间的节点。节点空间的组织以承载更多的公共服务功能的主要节点为核心，次要节点则根据需求布局。在节点空间的组织过程中可以将节点空间的公共服务分散开，商业、体育与停车相结合，一方面可以避免地下空间利用规模过大对地上建筑的保护产生影响，另一方面可以加强功能间的融合。居住类型历史文化街区地下空间开发形态模式如图 6-5 所示，节点空间的组织模式如图 6-6 所示。

2）历史文化街区地上组合是地下空间利用的基本单元

不同城市的居住功能历史文化街区的建筑组合，或同一历史文化街区内部的居住建筑组合均可表现为多种形式。它们是历史文化街区地面街区肌理的组成单元，与现代住区相比建筑组合方式更为复杂多变，因此在地下空间利用时需要因地制宜分析历史文化街区的基本单元，从地面基本单元出发，参考现代住区地下空间组织方式，对地上、地下空间进行整体利用。美国东河居住区地下空间整体利用如图 6-7 所示。

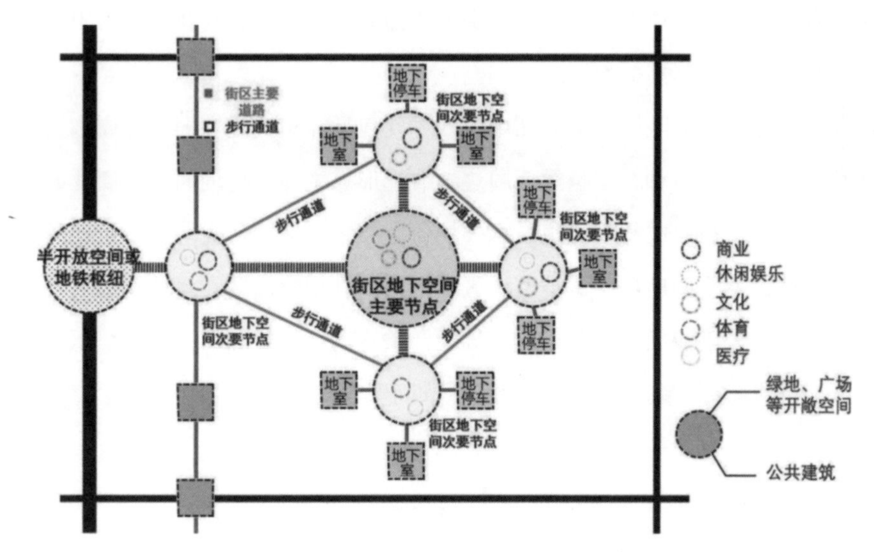

图 6-5 居住类型历史文化街区地下空间开发形态模式

（来源：作者自绘）

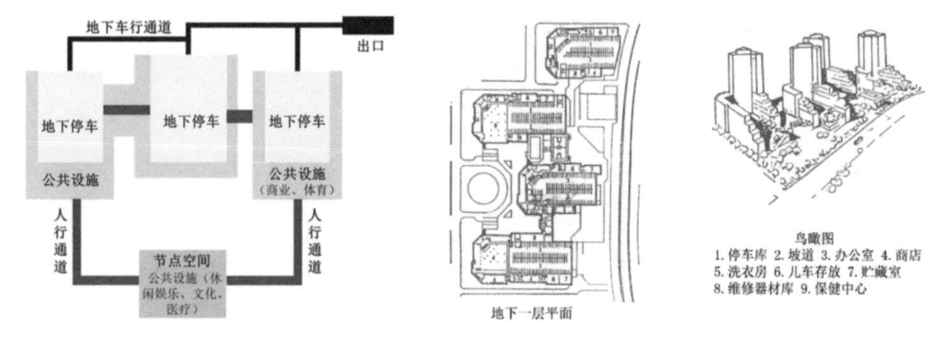

图 6-6 节点空间的组织模式

（来源：作者自绘）

图 6-7 美国东河居住区地下空间整体利用

（来源：作者自绘）

2. 商业型历史文化街区地下空间开发形态

商业型历史文化街区地下空间整体利用形态依据地面商业分布形态，多应以线状为基本要素的点、线、面三维整体利用为主，以线状为基本要素的形态有利于地上地下功能耦合，同时符合商业空间复合化、立体化发展趋势。

历史文化街区尤其是非近现代历史文化街区，街巷道路狭窄，主要道路地下是地下空间线性利用的优选，以线状空间带动整个历史文化街区地下空间的利用。同时宜在地下街道的终端与轨道交通、广场城市绿地、半地下广场、主要交通节点或者大型商业中心相连，以保证地下商业街的人流吸引、疏散。商业类型历史文化街区地下空间利用形态如图 6-8 所示。

商业型历史文化街区地下空间利用模式主要包括穿越式线性形态、周边式线性形态和线面组合形态三种。穿越式、周边式线性形态主要依托地面线形商业或交通空间，线面组合形态以成都太古里及水井坊历史文化街区为代表，其依托地面围合院落形成地下商业空间序列，该类型街区地下空间利用时需要在对地面建筑形态、组合方式及建筑外部空间序列分析的基础上，决定地下空间利用形态与组织方式，地下空间通过线面空间组合与地上商业街区共同形成地上地下共通的商业综合体。

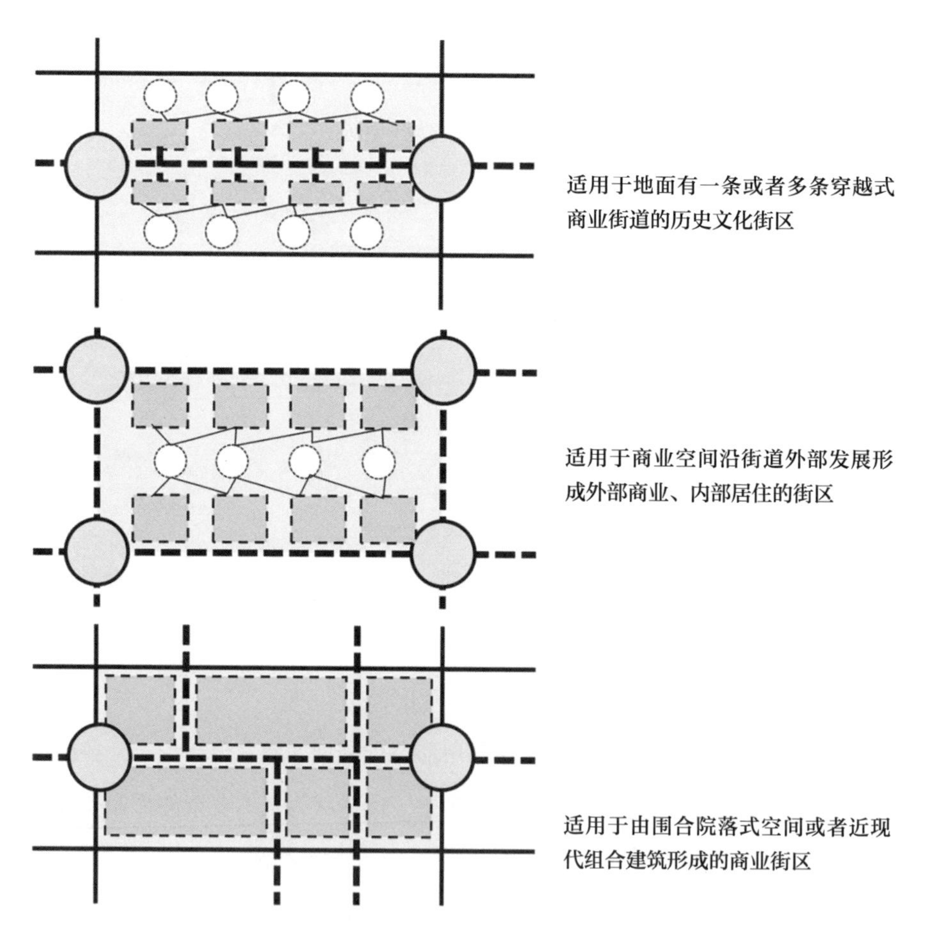

图 6-8　商业类型历史文化街区地下空间利用形态

（来源：作者自绘）

3. 文化型历史文化街区地下空间开发形态

文化型历史文化街区地面空间一般具有一定规模的开敞空间，如绿地、广场等。开敞空间在对地下空间的开发方面具有天然的优势，且文化型历史文化街区地上建筑体量相对较大，一般以较大的建筑单体或者组合式建筑群的形式出现，因此该类型街区地下空间的开发应以面状要素为基本要素，可归纳为相邻式、包围式、核心辐射式三种模式。

1）相邻式

相邻式地下空间开发形态是在绿地、广场等开敞空间的地下开发地下空间，通过出入口、半地下空间与历史建筑沟通（图 6-9）。

西安鼓楼广场进行了地下空间开发，将鼓楼与钟楼联系在一起（图 6-10）。相邻式面状地下空间的开发一般适用于建筑之间具有较大的开敞空间，且受到历史建筑的保护限制或者建筑本身的地下空间开发具有一定难度的区域。

2）包围式

包围式地下空间开发形态是通过周围地下空间的面状开发将相对分散的历史建筑与周边环境组合起来（图 6-11）。

成都太古里"U"字形地下空间将分散的多个历史保护建筑串联起来，令在大慈寺内部修建单独的地下停车及不对外开放的储藏库等地下空间为大慈寺服务（图 6-12）。包围式面状地下空间开发适用于历史建筑分布相对分散或者历史建筑的地下开放度不高，但周围建筑、道路、广场等要素具有良好的地下空间开发条件的区域。

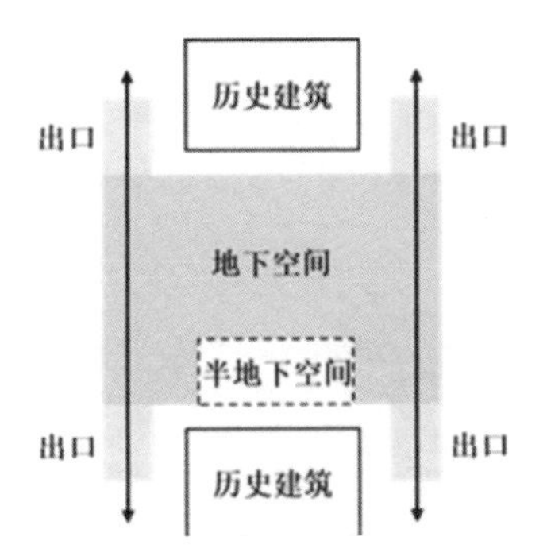

图 6-9　相邻式地下空间开发形态
（来源：作者自绘）

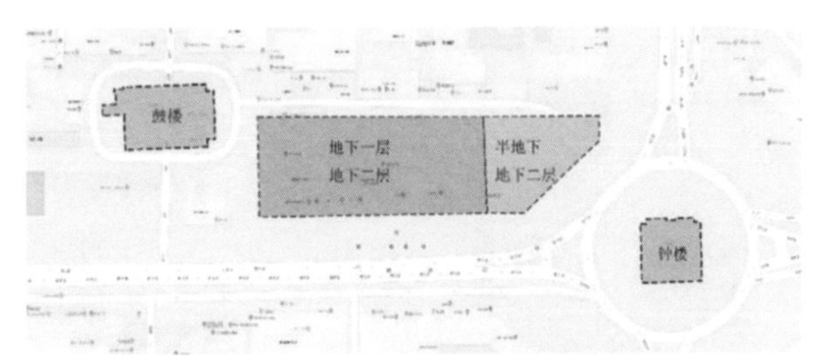

图 6-10　西安鼓楼广场地下空间
（来源：作者自绘）

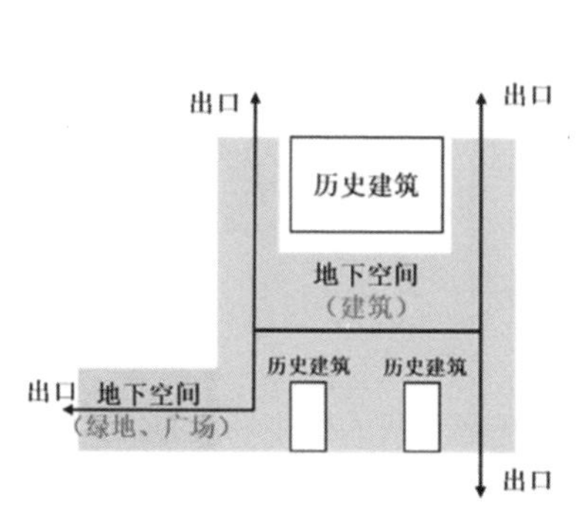

图 6-11　包围式地下空间开发形态

（来源：作者自绘）

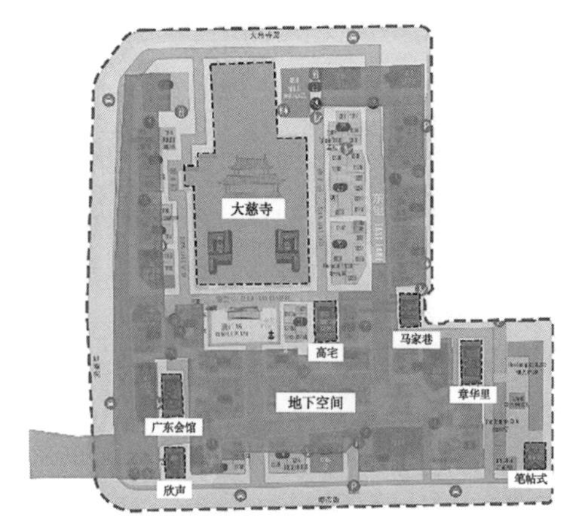

图 6-12　成都太古里“U”字形地下空间

（来源：作者自绘）

3）核心辐射式

核心辐射式地下空间开发形态是以绿地或广场的地下核心节点为中心，从中心辐射到历史建筑地下空间及其他开敞空间地下空间，以核心辐射状组织游客的游览参观路线（图 6-13）。

巴黎卢浮宫地下空间的开发以贝聿铭设计的倒金字塔为核心节点空间，向东与卢浮宫地下展览区相连，向西与地下停车、地铁站点相连（图 6-14）。地下一层为主要展览空间，连通空间设置在地下二层。这种模式的地下空间的利用需要重点考虑人

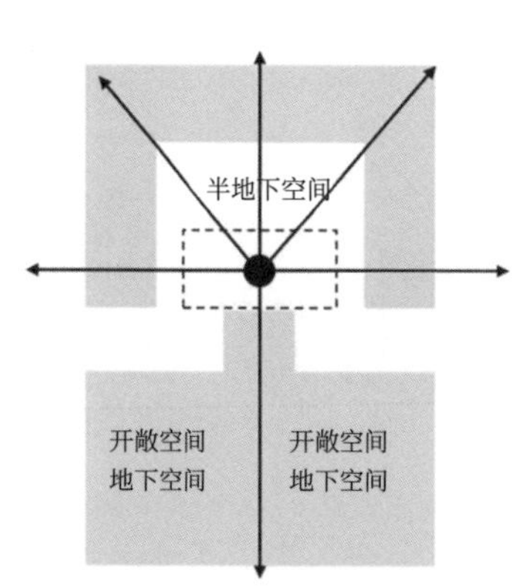

图 6-13　核心辐射式地下空间开发形态

（来源：作者自绘）

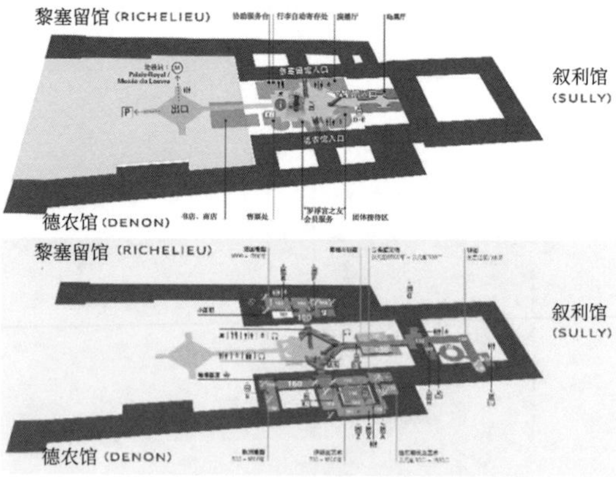

图 6-14　巴黎卢浮宫地下空间

（来源：http://www.goldcorn.cn/lvyou/guowai/ouzhou/201907/25-83678.html）

流的流线组织及对地下文物、地上历史建筑等的保护，适用于具有一定开敞空间、历史建筑地下空间开发条件良好且开放度较高的区域。

4. 工业遗址型历史文化街区地下空间开发形态

工业遗址型历史文化街区地面建筑的尺度相对较大，由于工业运作流程的原因，地上建筑之间具有很好的空间组合关系。同时由于工艺和生产方法等需要，存在大量利用地下空间或地下资源进行生产的行为（魏歆，2017），因此工业遗址型街区的地下空间开发可总结归纳为自由式、组合式这两种地下空间利用形态。

1）自由式地下空间开发形态

工业遗址型街区承担的功能用途、分布、内部建筑的保护、尺度、肌理多样，其地下空间形态部分呈现出自由式的布局模式，即以线性要素串联原有的散点式地下空间的开发形态，并通过线性要素将不同的功能串联组合。自由式地下空间开发形态如图 6-15 所示。

自由式地下空间形态一般在有存量地下空间限制、地下功能相对单一或受到地面约束限制条件较大的工业遗址地区比较常见。例如澳大利亚的 Coober Pedy 地下城包括居住、餐饮、旅馆、购物零售等功能，因为该地区的土质稳定性很好，可以支撑地下空间开发带来的应力效应，所以大多数现存建 / 构筑物都是以点状形式存在的，而不是形成一个连续的通道式空间，这样所有人可通过产权购买将多个空间以通道的形式串联，有的甚至可以在地下延伸 450 平方米（图 6-16）。

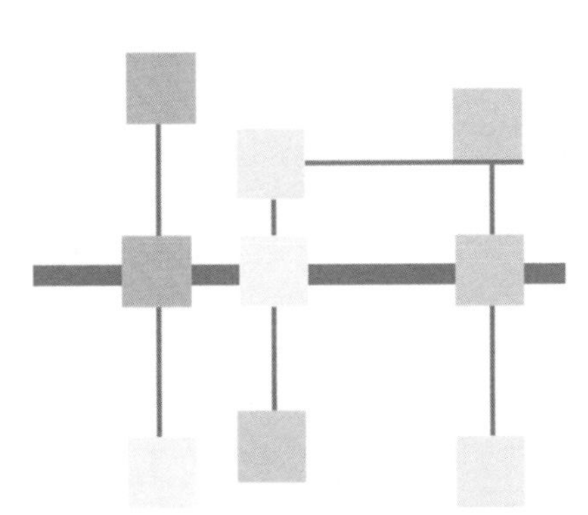

图 6-15　自由式地下空间开发形态

（来源：作者自绘）

图 6-16　澳大利亚的 Coober Pedy 地下城

（来源：作者根据资料改绘）

2）组合式地下空间开发形态

组合式地下空间开发，是以多个面状要素组合形成城市地下综合体的发展模式。通过对不同功能区块进行组合，形成具有一定规模、相对集中、空间关系清晰的序列，组合式地下空间开发形态如图 6-17 所示。例如在苏州苏纶厂工业遗址的地下空间开发中，将商业、轨道交通站点、停车、设施进行一体化开发，与地上建筑共同形成城市综合体（图 6-18）。

组合式地下空间开发形态适用于地上建筑具有明晰的组合模式，建筑间的关系相对紧密的街区，或有一定规模存量地下空间且利用难度较小的街区。

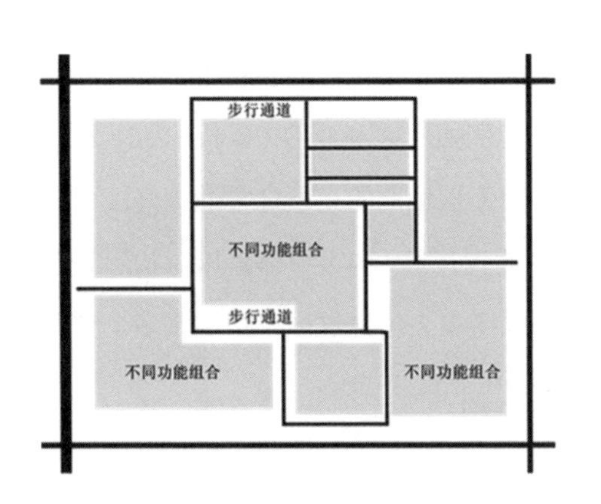

图 6-17　组合式地下空间开发形态
（来源：作者自绘）

苏纶地上建筑肌理

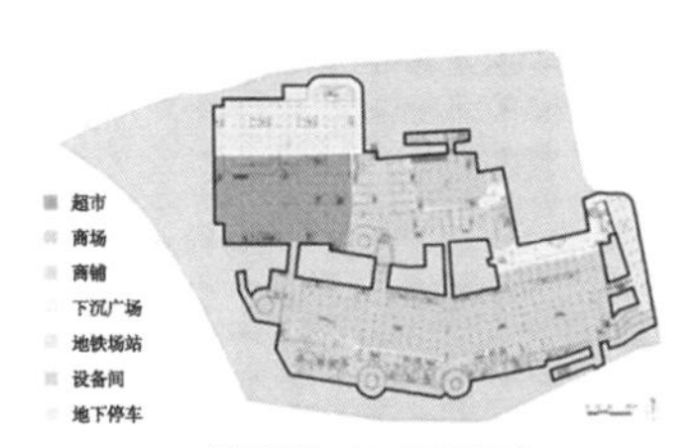

苏纶地下一层平面

图 6-18　苏州苏纶厂工业遗址
（来源：作者自绘）

6.4 历史地区地上地下空间地下遗存维度整体利用模式

历史文化街区存量地下空间包括地下文物遗址及地下单建式或附建式建 / 构筑物，其中地下建 / 构筑物是地下空间整体利用中的存量要素，从地下遗存维度视角出发的整体利用模式，往往强调现有与新建的地下空间之间的关系，通过分析地下文物遗址的可移动特性、文物遗址与地面要素的关系，为后续相关模式的提出提供依据。

6.4.1 历史文化街区地下遗存

1. 历史文化街区地下建 / 构筑物

历史文化街区地下建 / 构筑物主要分为单建式和附建式。单建式建 / 构筑物包括轨道交通、地下通道、地道（战争时期遗留的具有军事用途的地下通道）、矿道、轨道交通及管道等设施。附建式建 / 构筑物主要为地上建筑的地下室、建筑基础、工业遗址型地下生产车间、物流仓库、生活附属设施、地下存储室等空间（表 6-6）。

表 6-6　历史文化街区地下建 / 构筑物

分类	单建式	附建式
类型	a. 轨道交通； b. 地下通道、地道（战争时期遗留的具有军事用途的地下通道）、矿道等特色线形空间； c. 管道等基础设施	地上建筑的地下室、建筑基础、工业遗址型地下生产车间、物流仓库、生活附属设施、地下存储室

来源：作者自绘。

2. 历史文化街区地下埋藏的文物遗存分类

地下埋藏的文物遗存是考古学研究的主要对象，包括古文化遗址和古墓葬等文化层堆积中所有的遗迹和遗物（表 6-7）。“地下文物埋藏区”是描述地下埋藏的文物遗存区域的概念，即在一定范围之内地下文物的数量达到一定密度的区域。从广义上讲包括两部分含义：一是考古学研究对象，二是城市文化遗产保护对象。日本类似的概念如埋藏文化财产，是指“埋藏在土地上的文化遗产”（日本《文化遗产保护法》第 92 条）。例如，石器、土器等遗物和贝冢、古墓、居住遗址等埋在土中的文物。

地下文物遗址主要包括遗迹与文物两种类型。可移动文物可经过考古挖掘之后迁移至博物馆等进行展览，不可移动文物原则上须进行原址保护，如果必须进行迁移，全国重点文物保护单位须由省、自治区、直辖市人民政府报国务院批准。

表 6-7　地下埋藏的文物遗存

	遗迹	文物
移动性	不可移动	可移动
特征	承载人类一种或者多种活动的场所，面积较大，不便于移动	体积较小、易于移动
类型	墓葬、村庄村落城址等面状要素，矿坑、沟渠、道路等线状要素，岩洞壁画、窑址等点状要素（段小强等，2007）	人类活动遗存物：日用品、军事武器等 与人类活动有关的自然物：农作物、驯养动物等
原因	人为主观因素：人们有意识地在宗教信仰的指导下进行的埋藏，如墓葬等；战争等大规模破坏性行为；人为地在日常生活中进行基础抬高等不断积累的行为 客观因素：由自然因素、自然灾害或者地面自然变化造成	

来源：作者自绘。

根据历史文化街区存量地下空间的类型，可以从历史文化街区普通地下建 / 构筑物的整体利用和地下埋藏文物遗存的整体利用两种模式来分析确定利用方法。普通地下建 / 构筑物在现状基础上可将其与新建地下空间连通、整体利用，地下文物遗址分为不可移动性和可移动性两种类型，依据遗址与地面历史建筑、开敞空间之间的位置关系提出不同的整体利用模式。

6.4.2　历史文化街区地下遗存利用模式

1. 既有地下普通建构筑物利用模式

目前地下空间的开发已经从竖井式发展到三维立体化模式，历史文化街区现存地下空间是地下空间整体化利用的基础条件，需要充分认识地下空间与地上建筑的关系，主要分为竖向相通、水平相邻、竖向相邻三种。

竖向相通：竖向相通的地下空间主要是附建式结构，包括地上建筑及与地上相通的地下建构筑物，它们多数是地面功能的补充，在建筑中处于从属地位。

水平相邻：地下空间为单建式，只包括地下部分及地面上的附属设施，与地面建筑在水平区位上相邻。

竖向相邻：与地上建筑在竖向上相邻，但是它们之间具有独立性，包括轨道交通及矿道地道等特色地下空间。

1）既有地下普通建 / 构筑物多元连通模式

（1）存量地下空间连通影响要素

存量地下空间的连通要素主要包括连通形态、连通深度、连通路径，影响连通要素的因素包括地面保护建筑及保护要素、地下地上空间功能、开敞空间及道路、轨道等重大基础设施等（图 6-19）。因此存量地下空间连通模式的选择应当从多方面衡量，进行有必要、有需求、有价值的连通。

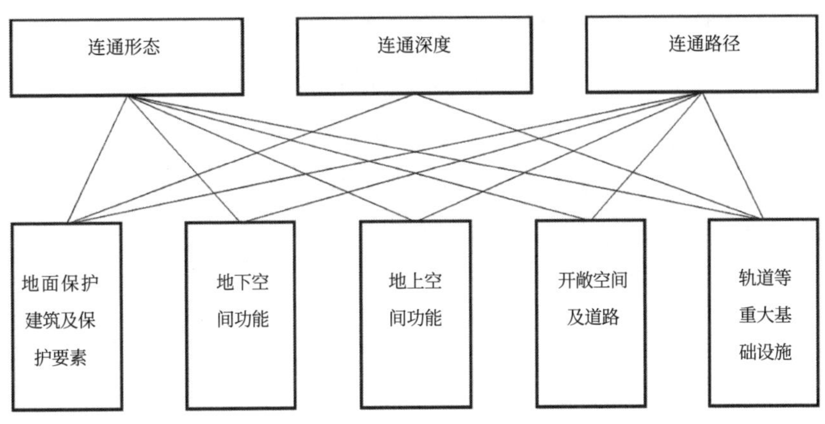

图 6-19　存量地下空间连通方式影响因素

（来源：作者自绘）

（2）历史文化街区存量地下空间连通模式

两个或者多个连通性高、活力高的功能连通时，若需要经过地面保护建筑或者地面保护要素，应当增加开发深度，采用断面较小、对地面影响较低的方式连通；若地面空间为公共开敞空间或者线形道路交通空间，可结合地上空间打造地下节点；若经过地面的活跃点功能，可通过延伸地上功能整体利用，增强历史文化街区的复合性；若与轨道交通站点相距较近，可结合轨道交通站点整体利用。在历史文化街区存量地下空间连通中应当遵循趋利避害的原则，使地下空间整体利用效率提高（图 6-20）。

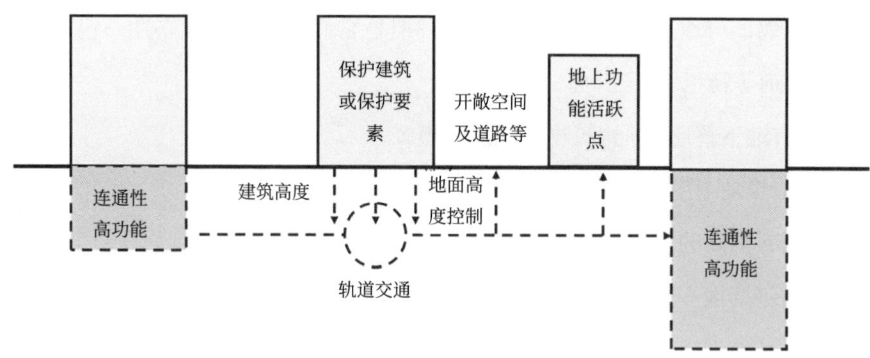

图 6-20　存量地下空间连通模式图

（来源：作者自绘）

2）竖向相通——基于传统建筑的组合方式

历史文化街区地上建筑组合形式多样，应该通过分析不同的建筑组合形式，构建有中国特色的地下空间利用模式。例如中国传统居住空间善用围合式、内向式的空间，因此在地下空间连通中可以利用建筑围合的公共空间形成半地下空间，改善地下空间的环境、视线通廊，形成局部特色空间节点，相通式地下空间连通方式如图 6-21 所示。

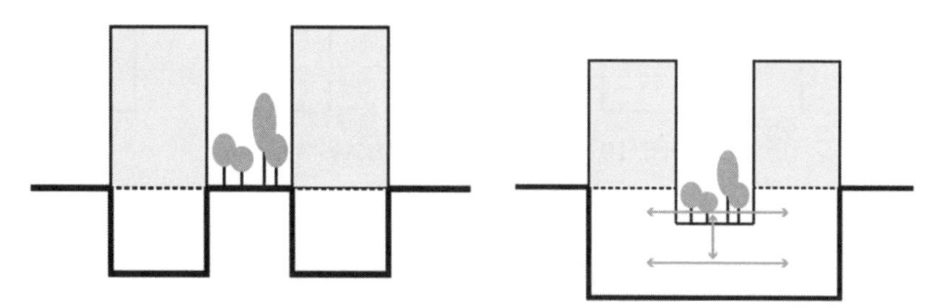

图 6-21　相通式地下空间连通方式

（来源：作者自绘）

3）水平相邻——利用历史文化街区的地形高差

在地下空间的连通过程中可以充分利用具有一定高差的地形，有效地将自然光线与空气引入地下空间中。

（1）与断崖式地下空间相连

在一定条件下，可以将地下空间打开，通过坡道等方式打造半地下式的空间，相邻建筑可以将原有的地下空间或者新增的地下空间与之相连（图 6-22）。

（2）与有坡度的地下空间相连

当建筑附近地面有一定的坡度时，可将斜坡与原有的建筑地下空间打通，使之与外界相连，将自然环境引入地下空间，促进内外空间的整体利用（图 6-23）。

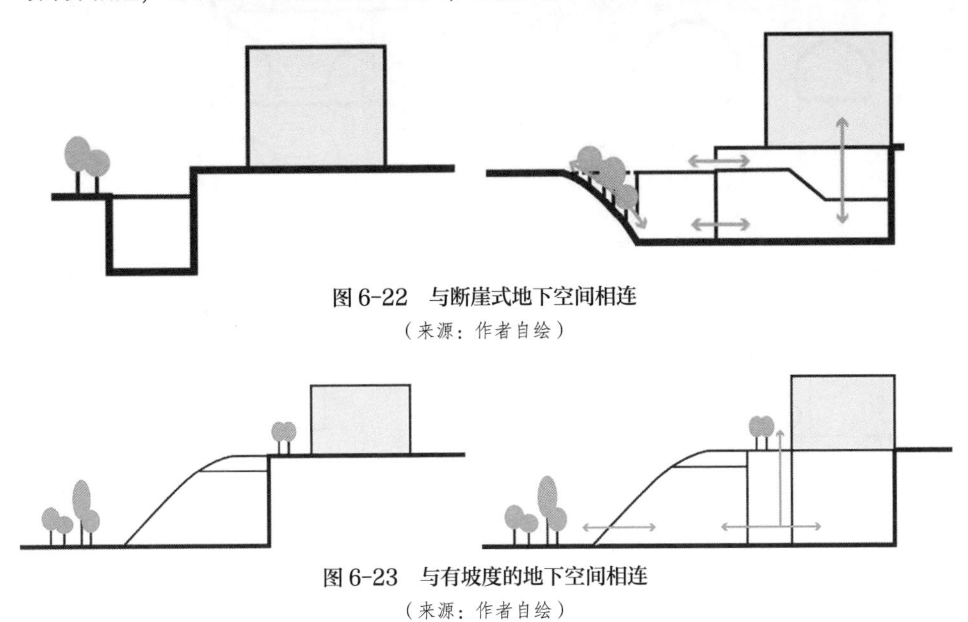

图 6-22　与断崖式地下空间相连

（来源：作者自绘）

图 6-23　与有坡度的地下空间相连

（来源：作者自绘）

4）竖向相邻——注重人流导入

（1）矿道、地道网络连通的特色利用

我国战争时期留下的地道、工业遗址地下遗留的矿洞等是重要的地下空间。这些具有特色的地下空间是不同历史时期为满足不同功能需求产生的，应当在充分尊重其本身文化特色的基础上，通过相互之间的横向连通，以及与地上空间的竖向连接进行整体利用，实现地上地下文化的交融，竖向特色地下空间利用如图 6-24 所示。

（2）将轨道交通站点作为重要的节点空间

历史文化街区地下站点可产生大量的人流，地下空间需要为这些人群提供商业、交通等功能服务与设备空间，还可以与地上建筑相结合形成多功能综合体。当地下有多条轨道交通路线时，可以通过竖向连通将地下、地上空间结合起来，打造换乘交通与公共服务枢纽。利用轨道交通所产生的流量如图 6-25 所示，将建筑地下空间与轨道交通整合形成的综合体如图 6-26 所示。

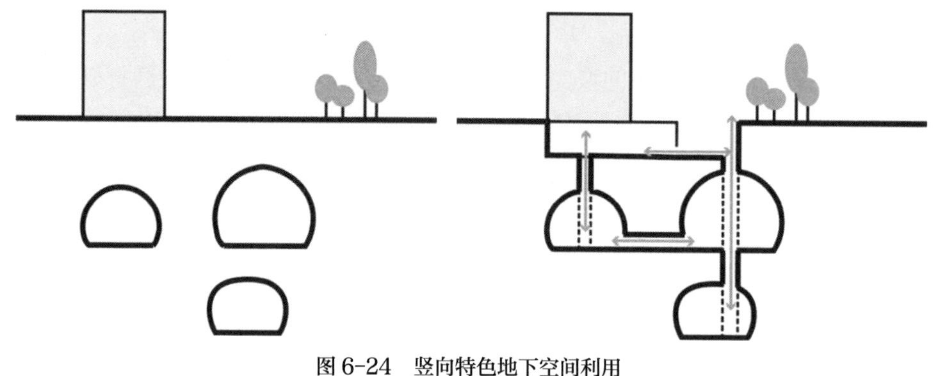

图 6-24　竖向特色地下空间利用
（来源：作者自绘）

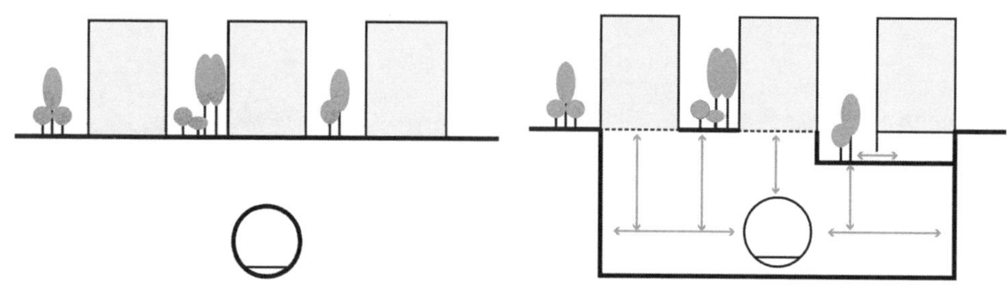

图 6-25　利用轨道交通所产生的流量
（来源：作者自绘）

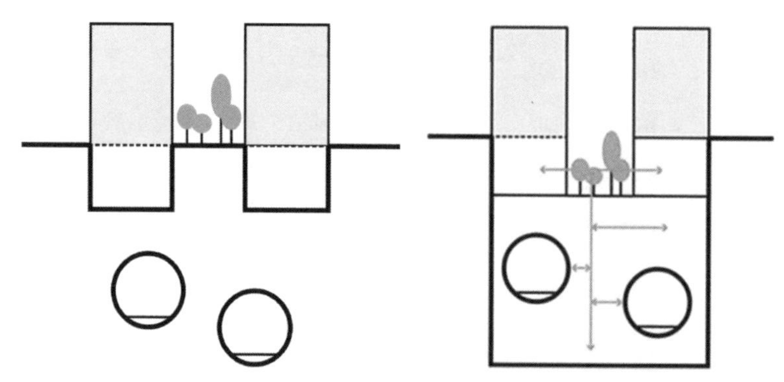

图 6-26　将建筑地下空间与轨道交通整合形成的综合体
（来源：作者自绘）

2. 历史文化街区地下埋藏文物遗存整体利用模式

因为历史文化的发展变迁，位于城市中心的历史文化街区一般是多重文化的集合体，在竖向上形成不同文化层，在地下空间的开发过程中很可能存在未探明的地下文物遗址，所以在历史文化街区地下空间开发过程中需要探明地下文物遗址。如果发现地下遗址应调整地下空间开发方案，保护地下文物遗址。希腊、中国等均有很多地下文物遗址开发的经验，可归纳出以下历史文化街区地下文物遗存整体利用的模式。

1）与历史建筑相邻，通过半地下空间就地展示

当地下文物遗址与历史保护建筑之间的关系为相邻关系，且地下文物遗址难以移动时，需要就地保护。地下遗址的就地保护是保持城市历史空间的完整性及遗址文化的本地性的重要手段，可以通过半开放空间的方式展示地下文物遗址，通过玻璃栈道、玻璃幕墙等透明材质实现地下文化遗址与地上空间的视线沟通和一体化展示。

以中国台湾新竹迎曦门为例，在地下施工过程中挖掘出了清朝时期、日占时期、民国时期三个时期的地下遗址（《中华人民共和国文物保护法》，2017 年修正版），这些遗址占地面积大，难以移动，为了保持城市文脉的延续性及城市环境的整体性，规划采用了下沉式就地保护的方式，通过半地下空间就地展示（图 6-27、图 6-28），通过引入文化活动将该区域打造成为日常居民休闲娱乐中心，将护城河河道改为地下通道，并在地下下沉广场上方搭建玻璃平台，促进了地上地下空间活动与功能的良性互动，地下连通通道及下沉广场情况如图 6-29、图 6-30、图 6-31 所示。

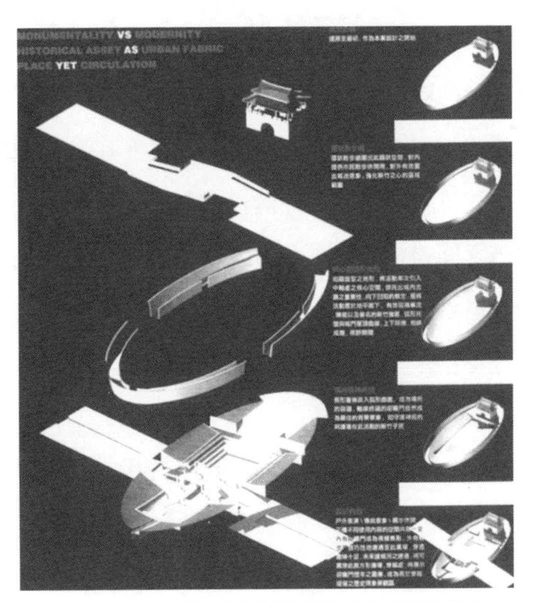

图 6-27　中国台湾新竹迎曦门地下遗址展示

（来源：http://teacher.yuntech.edu.tw/yangyf/dmr/ctop1.html）

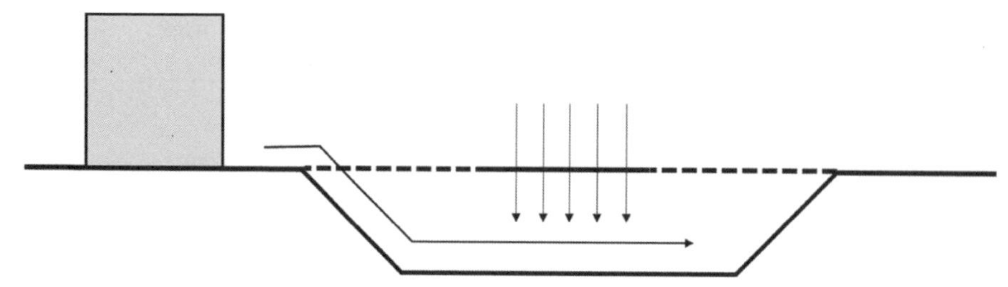

图 6-28　通过半地下空间就地展示

（来源：作者自绘）

图 6-29　地下连通通道为原护城河河道

（来源：http://www.ad.ntust.edu.tw/grad/95_monographic/a9313015/east%20gate/space.htm）

图 6-30　下沉广场上方的玻璃平台

（来源：http://www.ad.ntust.edu.tw/grad/95_monographic/a9313015/east%20gate/space.htm）

图 6-31　下沉广场可举办表演活动或供游人就近参观古迹

（来源：http://www.ad.ntust.edu.tw/grad/95_monographic/a9313015/east%20gate/space.htm）

2）多种文化遗址组合的地下空间展示模式

在多种文化遗址组合的地下空间展示中需要充分利用几何空间组织，在连通方式上不应采用单一的流线组织方式，而应通过地上地下游览路线的紧密结合，利用三维立体的流线组织方式进行展示。这种模式适合地下考古文化遗址在空间上分布比较复杂且与地上建筑之间存在一定联系的区域。在文物展示中选用透明度高、结构轻的材料结构连通，通过连通方式整体化、连通视线多重化、新旧结构结合化共同形成多重文化层积的地下空间文物整体化利用模式。

（1）流线组织

地上建筑与地下多个文物遗址呈现三维复合空间布局时，需要关注流线的组织。根据地下文物遗址的类型、分布情况、开放程度适宜性选择半地下空间利用、水平进入、水平相邻、垂直进入、垂直相邻等多种流线组织方式（图 6-32）。

塔尔苏斯是土耳其南部的一个城镇，在奥斯曼帝国时期是城市的一个主要聚居

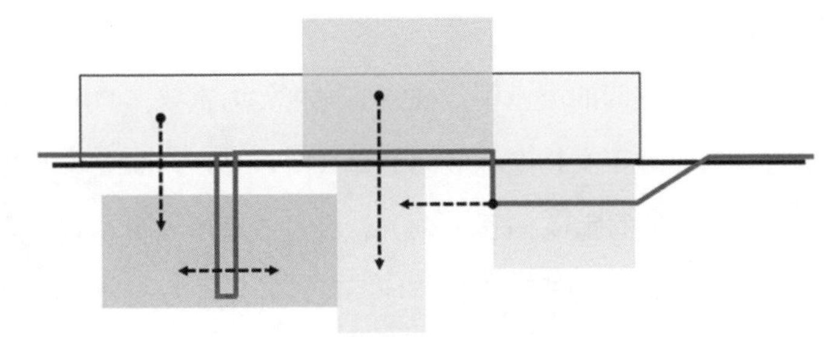

图 6-32　地上建筑与地下文化遗址呈现三维复合空间布局时的流线组织方式
（来源：作者自绘）

点，城镇地面相较于罗马时期高度上升了 7 米左右。城中的丹尼尔清真寺是现存的宗教寺庙，并保留有奥斯曼帝国时期的浴池地基，在后来的考古发掘中还陆续发现了圣丹尼尔墓及与其相邻的罗马桥拱顶。它们在空间上呈现出复杂的三维空间分层，是多种文化交融的产物。在不破坏地上建筑的前提下，这座历史建筑以塔尔苏斯博物馆的形式将不同时期的历史遗存空间有序组织，以半地下广场为节点空间，通过"回"形三维流线串联起来，在地面上修建保护罩，对建筑及相邻的地下文物遗址进行保护。博物馆内部交通流线组织及博物馆剖面图如图 6-33、图 6-34 所示。

图 6-33　博物馆内部交通流线组织
（来源：CETIN M, DOYDUK S. Fragments of a buried urban past revealed through multi-layered voids hidden below the mosque of St. Daniel: the case of the underground museum in Tarsus[J]. Underground Spaces: Design, Engineering and Environmental Aspects, 2008, 102: 129）

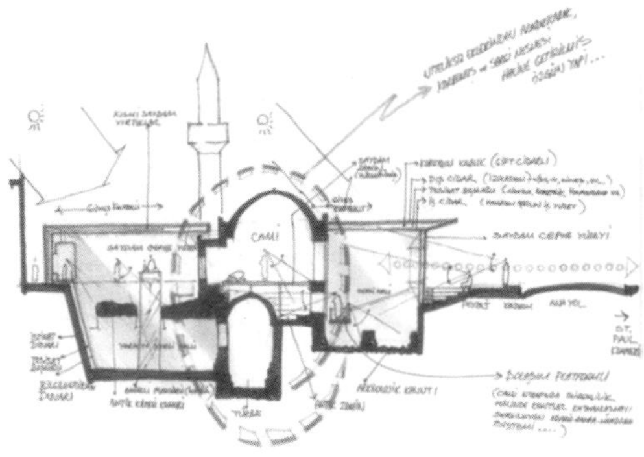

图 6-34　博物馆剖面图
（来源：CETIN M, DOYDUK S. Fragments of a buried urban past revealed through multi-layered voids hidden below the mosque of St. Daniel: the case of the underground museum in Tarsus[J]. Underground Spaces: Design, Engineering and Environmental Aspects, 2008, 102: 129）

（2）视线组织

在各类文化遗址地下空间的展示中，视线的连接尤为重要，“可进入式”地下文物遗址可以通过垂直于地下文物遗址竖向通道（图 6-35）、高于地下文物遗址观景台、平行于地下文物遗址的廊道 （图 6-36）、经过式廊道（图 6-37）等不同形式进行视线沟通，对于不可进入式地下文物遗址，可以利用上方或者侧面的玻璃幕墙进行外围式参观（图 6-38）。

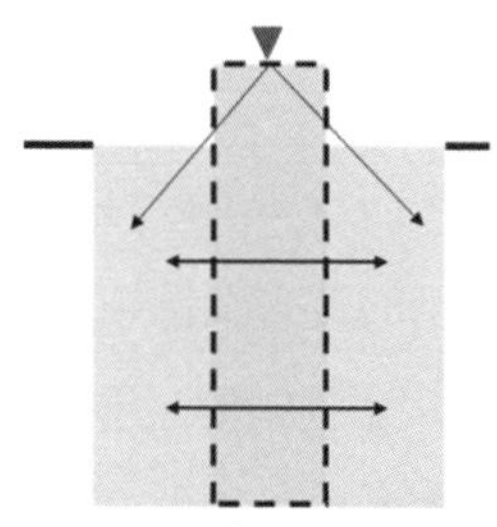

图 6-35　垂直于地下文物遗址

（来源：邵继中，李百浩．古城遗址保护中地下空间利用的案例研究——以台湾新竹“迎曦门”遗址保护为例 [J]. 建筑与文化，2017（6）：232-233）

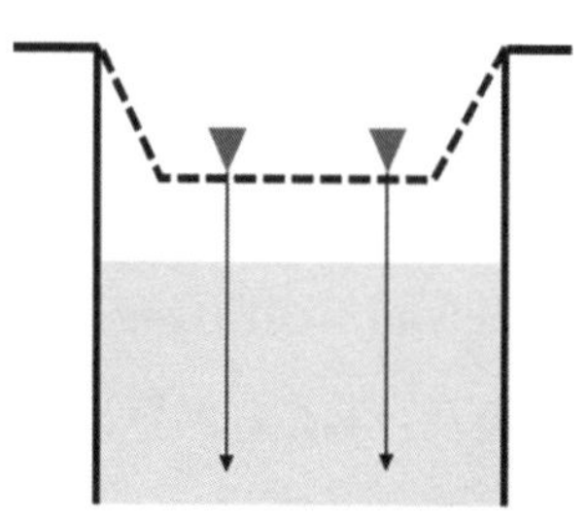

图 6-36　平行于地下文物遗址

（来源：邵继中，李百浩．古城遗址保护中地下空间利用的案例研究——以台湾新竹“迎曦门”遗址保护为例 [J]. 建筑与文化，2017（6）：232-233）

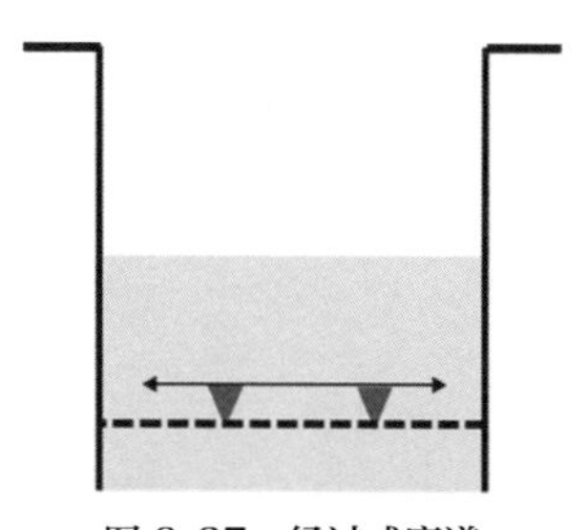

图 6-37　经过式廊道

（来源：邵继中，李百浩．古城遗址保护中地下空间利用的案例研究——以台湾新竹“迎曦门”遗址保护为例 [J]. 建筑与文化，2017（6）：232-233）

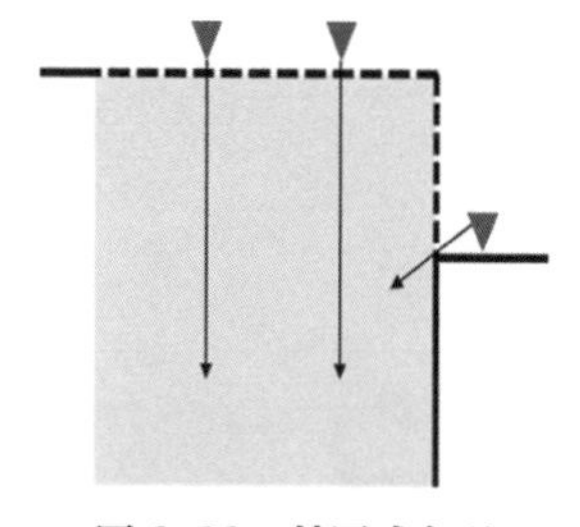

图 6-38　外围式参观

（来源：邵继中，李百浩．古城遗址保护中地下空间利用的案例研究——以台湾新竹“迎曦门”遗址保护为例 [J]. 建筑与文化，2017（6）：232-233）

（3）新建结构材料的选择

在文物遗址展示布置中应当选用质量轻、视线开敞度高的材料，例如钢架结构、玻璃幕墙、玻璃甲板、木材、金属网及其他绿色轻型材料。塔尔苏斯博物馆、雅典卫城地铁等历史遗址采用透明度较高的材料，为地下文物遗址的展示提供了一种虚实对比的场景，同时也体现了新旧文化的交融。

3）与轨道交通结合的多层次文化展示

城市中心地下文物遗存丰富，但是轨道交通的发展是时代发展的需求，在轨道交通建设的过程中发现地下文物遗址时，可将这些文物遗址与轨道交通站点结合进行展览（图 6-39）。

在历史城市雅典，轨道交通开发是城市居民的共同意愿，也是雅典奥运会及城市发展的需求，雅典在轨道建设时首先对包括 Syntagma、Thissio、Panepistimio、Keramikos、Monestiraki 和 Akropoli 轨道站点、通风井以内的 20 多个点进行了考古研究（雅典轨道交通政府网站），考古层的深度为 0.5 ～ 7 米。Attiko Metro（雅典地铁公司）基于雅典地铁考古挖掘的宝贵经验，对地铁技术进行了适当的调整，通过预考古的方式首先确定地下空间适宜利用的深度，将考古层下的隧道从最初的 - 7 ～ - 9 米降至 - 14 ～ - 31 米，避免在施工过程中破坏遗址。另外雅典中心城区的几个地铁站均结合地下遗址进行公共展示，如图 6-40、图 6-41、图 6-42 所示，在地铁建设完成之时吸引了很多市民前去参观，同时这些地铁站点也成为城市的文化传播节点，吸引了大量游客。

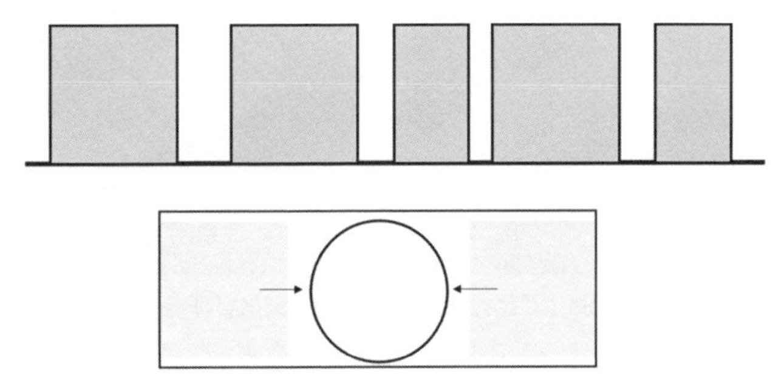

图 6-39 与轨道交通站点结合进行展览的模式

（来源：作者自绘）

图 6-40 Monestiraki 河道遗址展示

（来源：https://www.ametro.gr/?page_id=256）

图 6-41 雅典地铁站文物展示

（来源：https://www.ametro.gr/?page_id=254）

图 6-42 雅典地铁站文物展示吸引市民参观

（来源：https://www.ametro.gr/?p=1467）

将地下文物遗址与轨道交通站点结合打造博物馆、展廊等的展示形式，要强调易读性与可识别性，还要关注时间、空间上的纵向结合。

（1）强调易读性与可识别性

交通站点人流通过速度和人群的注意力方式有别于其他区域，轨道交通的人流以通过性为主，因此结合轨道交通设置的博物馆展示功能，应既服务于快速通过的人流，又服务于因感兴趣而驻足的人流，此类展示形式更应具有高度可识别性、快速的理解性、视觉舒适性。

城市地下遗址文化的发现及展示还可以缓解地下空间压抑、枯燥的氛围，通过历史的叙事，讲好城市故事，为游客和居民提供沉浸式的体验。在易读性和可识别性上可根据地下遗址的特点，通过色彩、典型代表图案、数字刻度等方式进行设计，让通过的行人有充分的体验感，San Giovanni 站竖向不同文化层符号系统如图 6-43 所示。

图 6-43　San Giovanni 站竖向不同文化层符号系统

（来源：Archaeology for commuters. The San Giovanni archaeo-station on the new metro Line C in Rome）

（2）关注时间、空间上的纵向结合

一些位于地下文物埋藏点地面之上的历史文化街区，其本身的文化空间也存在分异，这可以表现为不同时期的历史文化街区、未挂牌历史建筑、未纳入法定保护的历史地区及其他不同时期的建筑与地区，城市地上空间范围内文化空间的分异如图 6-44 所示。其从城市整体空间特征来看，本身就有异于城市其他区域，承担着更多的文化功能。历史文化街区地上空间与复杂的地下遗址文化共同形成了城市在时间、空间上的整体叙事方式。

意大利罗马中心城区的 San Giovanni 站点地下空间包括了从地面现代层到史前

时代层十个竖向考古文化层（图 6-45），地下空间的竖向通行空间成为考古文化层的重要展示容器，竖向自动扶梯、楼梯、电梯等交通空间及其周边的垂直墙面空间为竖向文化层展示提供了一种沉浸式的体验感，人们可感受到历史时代的变迁给予土地的印记（图 6-46、图 6-47）。

地下水平空间在条件允许的情况下，可结合地下文物遗存最为丰富的考古文化层设置站点展示空间，利用水平人行通道的墙壁及相对集中的公共空间进行展示，地下水平空间利用方式如表 6-8 所示。

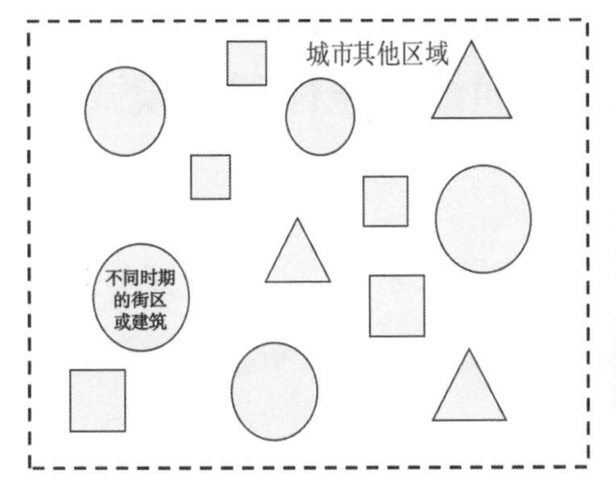

图 6-44　城市地上空间范围内文化空间的分异

（来源：作者自绘）

图 6-45　意大利罗马 San Giovanni 站点地下空间竖向考古文化层

（来源：作者自绘）

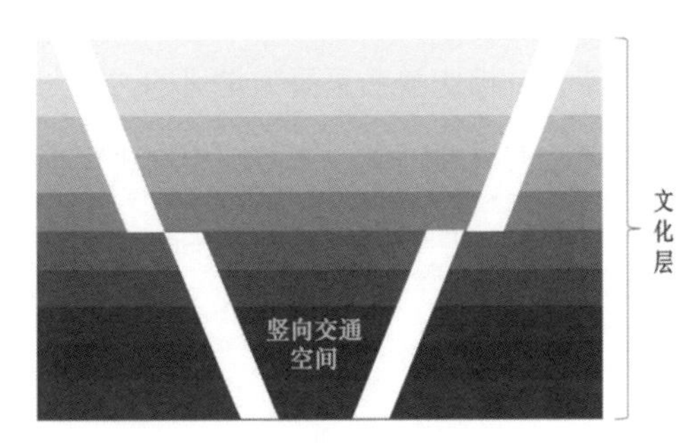

图 6-46　利用竖向通行空间展示文化层

（来源：作者自绘）

图 6-47　San Giovanni 站竖向通行空间[1]

1 图片来源：https://cn.bing.com/images/search?view=detailV2&ccid=cGgLz7rD&id=A1DDF6787C633060799E11E6117B1FF91860164A&thid=OIP.cGgLz7rDZhJDYg9rm2KMiwHaHa&mediaurl=https%3a%2f%2fmetrocspa.it%2fcms%2fwp-content%2fuploads%2f2017%2f05%2f32A5191-800x800.jpg&exph=800&expw=800&q=San+Giovanni+Station+&simid=608012660601996031&FORM=IRPRST&ck=B784296465F167ACC72645AF3BAED21B&selectedIndex=24&ajaxhist=0&ajaxserp=0）

表 6-8 地下水平空间利用方式

利用媒介	具体利用方式
水平通道的墙壁	利用挖掘出的材料建造墙体，利用墙面艺术来讲述历史故事，利用图案表达、文字说明等方式明确所处地下文化层位置，结合墙体、玻璃进行文物古迹展示
在历史文化遗址丰富层设置站点	确定主题区域，选取文化遗址丰富或典型的区域进行特殊设计，为游客和市民提供一个相对集中和安静的参观场所。地板可以对挖掘中回收的碎片进行再利用

来源：作者自绘。

6.5 历史地区地上地下空间交通维度整体利用模式

6.5.1 轨道交通与历史街区地下相对位置关系

轨道交通与历史文化街区之间相对位置关系是决定历史文化街区地上地下空间整体利用方式的重要条件。两者相对关系包括相离、穿越、相切三种。其中轨道交通相离于历史文化街区的位置关系综合影响较小，穿越和相切两种位置关系对地上地下空间整体利用影响较大。

穿越关系是轨道交通从地下穿过历史文化街区内部，轨道交通的开发方式将影响地上历史建筑的安全稳定与历史环境的原真特色；相切关系是最为常见的方式，利用历史文化街区周边道路作为轨道交通地下穿越的线性空间，在对历史文化街区地面空间影响相对较小的同时，结合设置轨道交通站点有利于加强历史文化街区的对外联系。

6.5.2 不同相对位置关系的空间模式

1. 轨道交通穿越历史文化街区

当轨道交通线路与历史文化街区是“穿越式”关系时，轨道交通应最大限度地减少对地上空间的影响。

1）做好地面建筑噪声震动评估

当轨道交通开发需要经过历史文化街区地下时，首先要做好地面建筑噪声振动评估。地面噪声振动的影响因素主要包括轨道交通的类型、地面是否为交叉路口、轨道交通深度和长度、地面使用功能、地面建筑的保护等级、土壤等因素。在轨道交通开发利用时需要将地面建筑的噪声及振动水平控制在最大容许范围内。地面历史保护建筑相较于一般建筑对噪声振动更为敏感，位于交叉口处的建筑敏感度也较其他区域建筑更高（Vogiatzis，2012），因此需要对这些敏感区域实施特殊的减震抗噪措施，历史文化街区地面需要重点控制噪声震动的建筑如图 6-48 所示。

2）穿越线路选择应遵循最小影响、最短路径原则

轨道交通经过历史文化街区时，应当尽量缩短从历史文化街区地下穿越的长度，选取街区竖向截面长度较小的界面作为地下轨道交通线路走向，穿越式轨道交通模式如图 6-49 所示。尽量选择在历史文化街区的主要道路下布置线路，这些道路不仅是街区地面人流疏散的重要通道，同时其公共属性及地面开敞等特性也更便于地下空间的利用，更有利于减少对地块内历史建筑与环境的影响。

历史文化街区内轨道交通站点功能可以结合道路空间及地面开敞空间进行设计。对于建筑密度高的居住类型历史文化街区，地面的开敞空间分布比较零散，地下空间可以采取多个分散或一中心多分散的组织方式。

多个分散组织方式，是指利用道路两侧人行道、建筑前空地及建筑之间的空地等碎片化空间设置通风井、地下站点出入口等，罗马地铁轨道站点就采用了这种方式（图 6-50）。

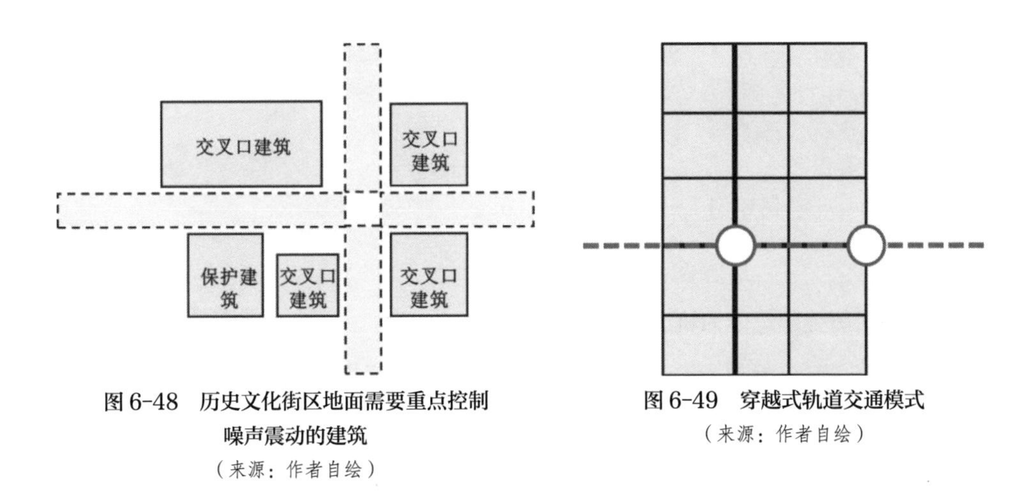

图 6-48　历史文化街区地面需要重点控制噪声震动的建筑

（来源：作者自绘）

图 6-49　穿越式轨道交通模式

（来源：作者自绘）

一中心多分散组织方式，利用历史文化街区街头的三角形广场绿地、建筑前广场空间等较大的开敞空间作为轨道交通主要出入口，利用其他零散空间设置采光井、通风口、次要出入口等，罗马轨道交通站点也采用了这种方式（图 6-51）。

地面开敞空间的利用对轨道交通站点的设置十分关键，开放度不高的历史文化街区在进行地下空间利用时，应首先评估地面开敞空间的可利用性，适当释放部分地面公共空间作为地下地上的必要连接口。

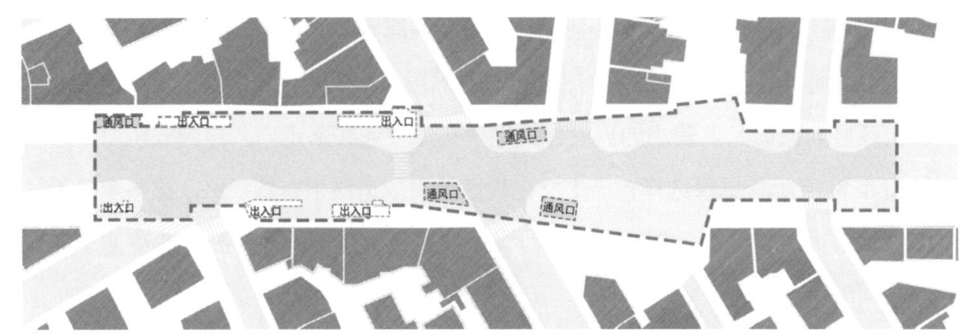

图 6-50　多个分散组织方式——罗马地铁轨道站点

（来源：作者自绘）

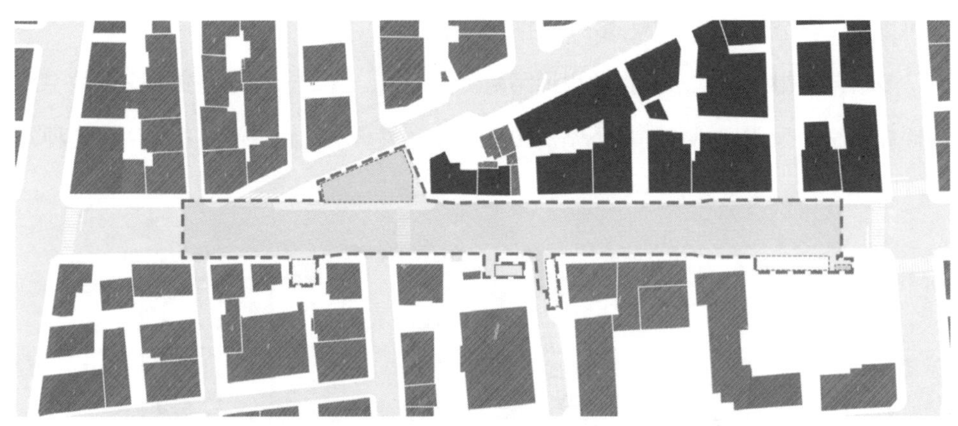

图 6-51　一中心多分散组织方式——罗马轨道交通站点

（来源：作者自绘）

3）利用历史建筑作为轨道交通的出入口

历史文化街区中结构稳定、开放度高的历史建筑，可以与轨道交通的出入口结合设计，不仅可以吸引人流，还有利于促进历史文化的展示与传播。但应结合保护类别和要求，尽量选择保护级别低的建筑设置主要出入口，以避免对历史建筑造成破坏。蒙特利尔 Peel 站与 McGill 站两侧历史建筑较多，且该位置需要设置 11 个主要出入口和 50 个次要出入口， 故选取了 2 个主要出入口和 12 个次要出入口结合历史建筑设置，蒙特利尔轨道交通站点周边地下空间出入口分布如图 6-52 所示。

将历史建筑作为轨道交通站点出入口时，需要综合评估历史建筑的安全、质量和保护级别等条件，通过管控手段来进行引导与控制。

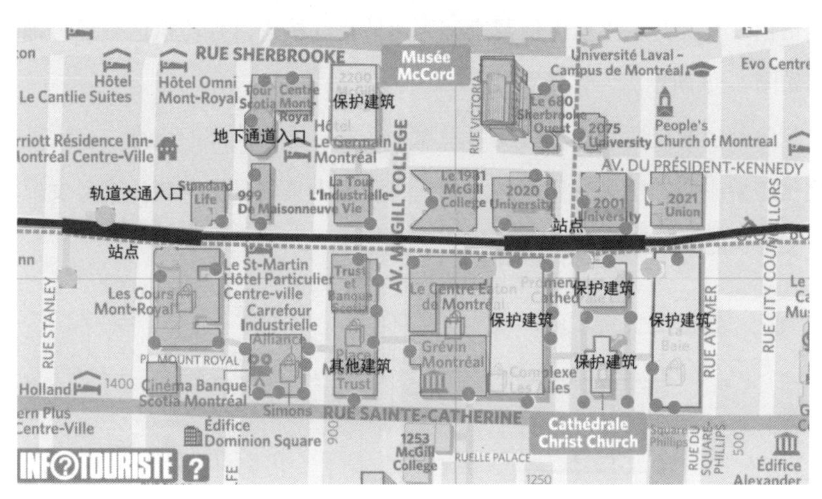

图 6-52 蒙特利尔轨道交通站点周边地下空间出入口分布

（来源：作者自绘）

2. 轨道交通与历史文化街区相切

1）单条轨道交通与历史文化街区相切且有站点

此类轨道交通站点类型为非换乘站点，可根据轨道交通站点影响区范围内的用地功能来选择地下空间利用模式。当轨道交通站点影响区范围内主要是居住功能时，站点应结合广场、道路等空间设置出入口，作为基础的交通服务型站点。当轨道交通影响范围内具有功能活跃点，即文化、商业等开发强度高、公共性强的功能集中时，可通过地下通道与站点周围的建筑地下空间连接，形成点状集约式复合利用模式（图 6-53）。

轨道交通线路临近商业空间的历史文化街区，可结合站点建设地下商业街或步行通道连通道路两侧地下空间。如果历史文化街区内部有地面商业街或半地下商业街，还可以将其与外部的地下商业街或地下通道连通，形成结合线形空间的利用模式（图 6-54）。

杭州百井坊地处武林商业圈的核心地段，临近武林广场，街区内有天主教堂、天水堂、司徒雷登故居及传统民居等历史建筑，在城市更新中提出建设一条半地下商业街，结合轨道交通出入口与地下街共同构成“回”形结构，并利用地下通道与地面商业综合体建筑连接。整体设计风格也延续了区内传统风貌，既保护了地方历史文化价值，又提升了土地价值及空间利用效率，杭州百井坊轨道交通与地下空间连通图如图 6-55 所示。

因此单条轨道交通站点设置应尽量靠近区位土地价值高的地点，临近地上商业圈或文化旅游中心的历史文化街区，便于在空间上集聚吸引人流，充分发挥交通、商业、文化功能集聚的综合优势。

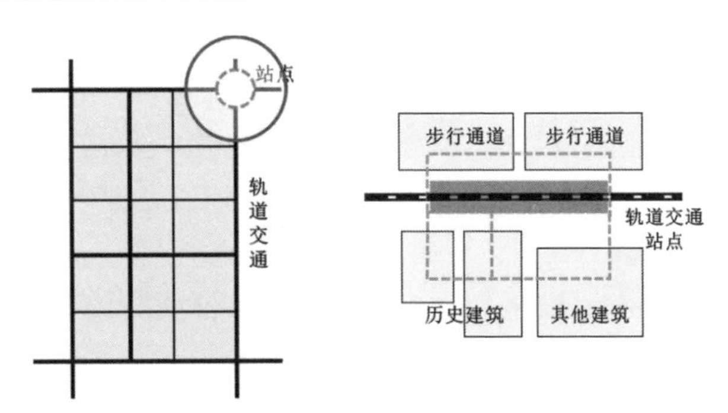

图 6-53　点状集约式复合利用模式
（来源：作者自绘）

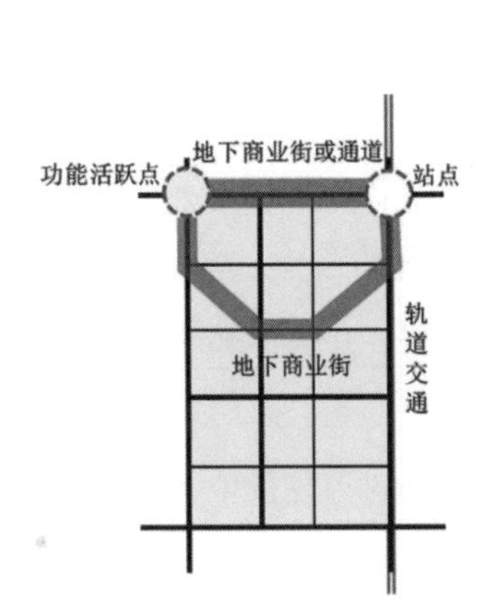

图 6-54　结合线形空间的利用模式
（来源：作者自绘）

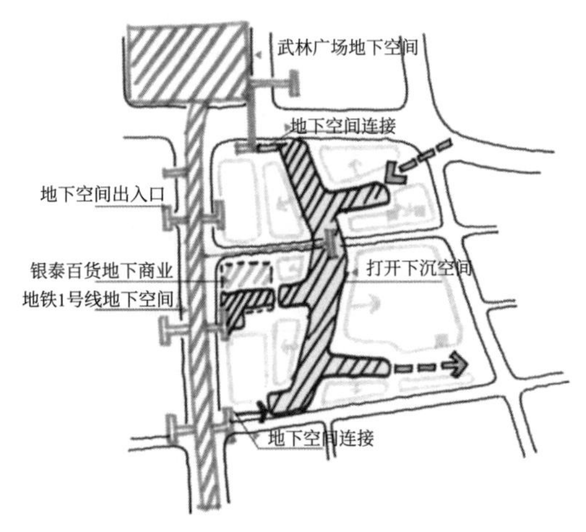

图 6-55　杭州百井坊轨道交通与地下空间连通图
（来源：《杭州市百井坊地区有机更新城市设计》）

2）至少有两条轨道交通与历史文化街区相切且有站点

多条轨道线路经过历史文化街区周边并设有交通站点时，该站点即为换乘站点。在地下建设条件及地面历史保护建筑评估允许的情况下，可以通过地下商业街或者地下通道等形式连通多个站点，形成地下一体化空间网络。

地下步行通道连通方式：通道的地下出入口可与道路两侧大型公共设施地下层相连，或通过出入口与地面建筑直接竖向连通。地下通道内还可设置引导、展览、自助商业等多种功能空间。例如京都四条通地下通道（图 6-56）内在祇园祭传统活动期间，将地下通道内的墙面和柱子设计成非遗文化展示区，用以展示活动所用的山车模型（图 6-57）、介绍祭祀活动的起源与发展的祇园祭图片等（图 6-58）。历史文化街区地下通道不仅承担着地下通行的功能，也是地区文化传播的重要通道。

地下商业街联通方式：面积较大的地下通道可发展成地下商业街，一方面与周边相邻建筑的地下空间相连，另一方面通过出入口连通地面开敞空间或商业、文化空间，形成功能复合的交通、商业综合体。

多条轨道集聚的历史文化街区一般区位都很重要，人流密集，往往还存在其他多种类型的交通，轨道交通站点间还可以通过地下商业街或者地下通道连通其他公共交通站点，实现多种公共交通的接驳与换乘（图 6-59）。

天神地下街是日本九州地区最大、最繁华的地下街，全长约 590 米，共有约 150 家时尚、美食店铺，天神地下街与天神地铁站（地铁空港线）、天神南站（地铁七隈线）直接相连，并通过地下街出入口与西铁天神大牟田线火车站连通，地面出入口实现

图 6-56　京都四条通地下通道
（来源：作者自摄）

图 6-57　山车模型展示
（来源：作者自摄影）

图 6-58　祇园祭图片展示
（来源：作者自摄影）

了与公交车站的快速接驳，使天神地下街成为福冈交通换乘枢纽，实现了地铁、火车、公交车多种换乘方式共存（图 6-60）。

除了上述两种连通线路，轨道交通站点间还可以通过建筑的地下部分连通（图 6-61）。蒙特利尔中心区历史建筑分布如图 6-62 所示，其中有三条轨道交通线路经过，1 号线 Place-des-Arts 站点与 2 号线 Place-d'Armes 站点之间通过蒙特利尔现代艺术博物馆、酒店、商场等多栋建筑的地下文化、商业等功能连通。

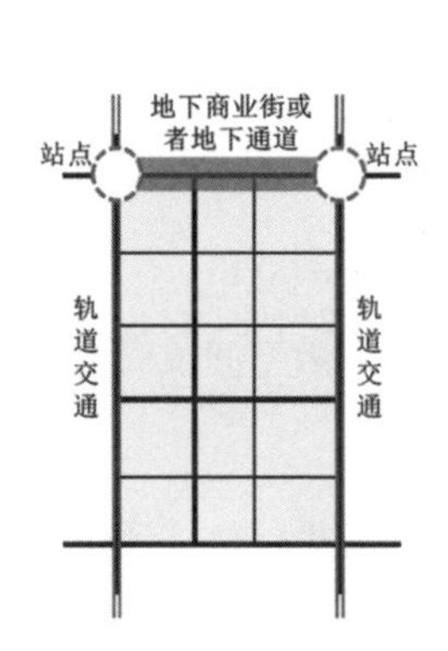

图 6-59 轨道交通站点间通过地下商业街或者地下通道连通
（来源：作者自绘）

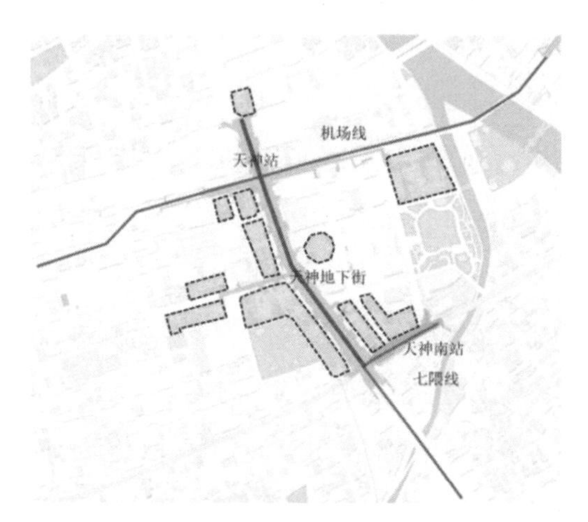

图 6-60 天神地下街
（来源：作者自绘）

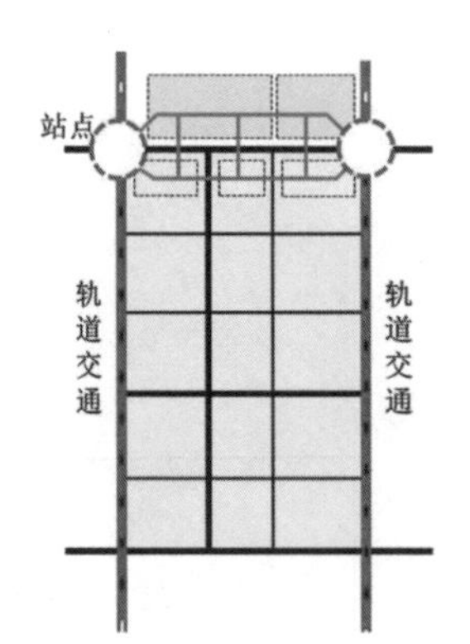

图 6-61 轨道交通站点间通过建筑的地下部分连通
（来源：作者自绘）

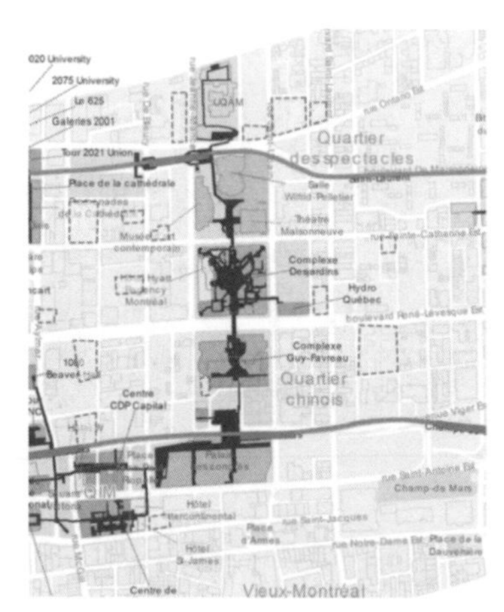

图 6-62 蒙特利尔中心区历史建筑分布
（来源：作者自绘）

轨道交通与历史文化街区的结合还需要考虑街区对轨道交通的需求、轨道交通站点影响区的功能类型、轨道交通沿线地上活跃度、轨道交通线路所经道路的宽度和等级、轨道交通所经历史文化街区地面保护建筑情况等要素。

3. 结合轨道交通的三维旅游线路组织

利用轨道交通站点出入口、地下步行交通网络、地上慢行系统、旅游景点分布等要素组织历史文化街区旅游路线，将旅游线路从二维转变为三维。历史文化街区可以通过地上公共交通、地下轨道交通与外部快速连通，内部可以通过自行车道、步行街、特色文化旅游线路、地下步行通道、地下商业街等多条慢行路线进行组织，历史文化街区三维旅游路线组织模式图如图 6-63 所示。

蒙特利尔中心区是文化中心，拥有面积达 1 平方千米的娱乐区，是北美文化最集中、最多样化的地方。80 个广播中心、8 个全年活跃的公共场所和 40 多个节日活动，吸引着当地人和游客，具有独特的文化活力。中心区内的旅游景点通过地上、地下线路共同组织，地上线路包括自行车道、商业街、文化娱乐等， 地下线路包括轨道交通、地下人行通道，蒙特利尔旅游线路组织如图 6-64 所示。通过地上和地下线路，将文化、景点、商业、交通空间组织起来，形成了三维旅游路线。

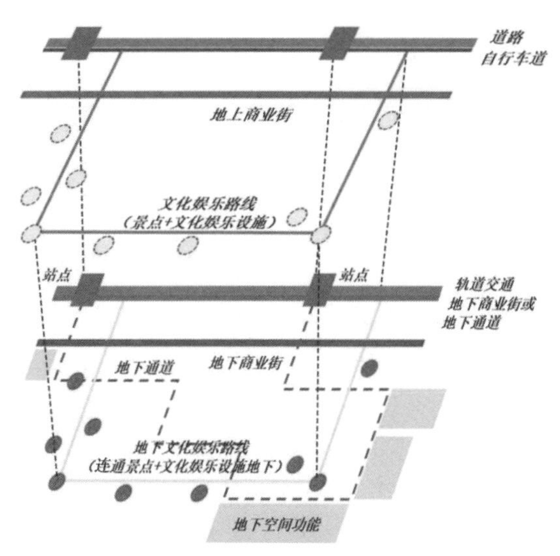

图 6-63　历史文化街区三维旅游路线组织模式图

（来源：作者自绘）

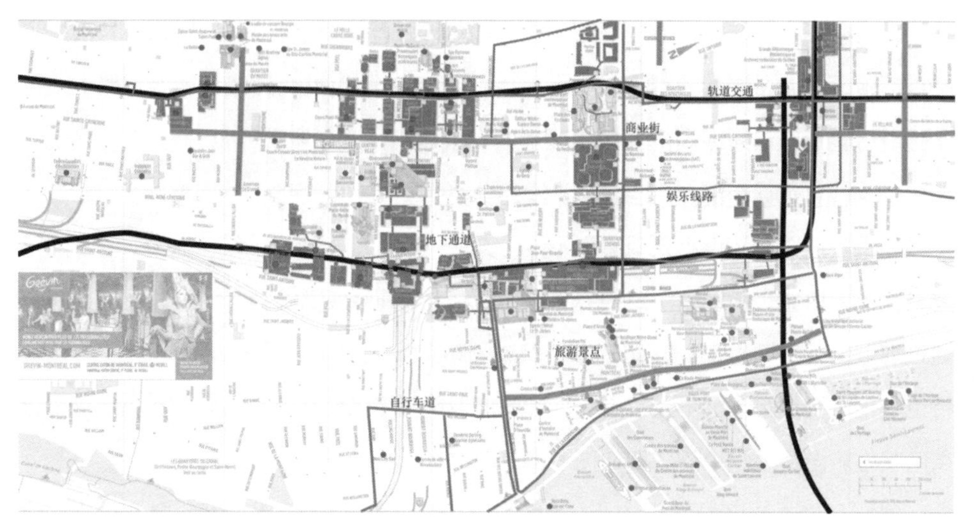

图 6-64　蒙特利尔旅游线路组织

（来源：作者自绘）

7

地上地下空间综合利用设计中的关键问题与关键技术

7.1 步行交通通达性

步行交通是指不借助其他交通工具，以行走的方式从某一位置移动到另一位置的出行方式。步行是个体常用也是最基础的出行方式，无论是机动车出行还是非机动车出行，其必然是起于步行且止于步行的。随着以机动车为导向的城市发展模式带来的环境破坏、能源紧缺、人车矛盾等问题日趋严重，步行交通日益引起不同领域众多学者与城市管理者的重视。地下空间步行交通是地下综合交通的有效组成部分，其便捷性、安全性是设计利用中的关键，位于历史文化街区的地下空间步行交通组织还要关注其与文化要素相关的通达性等问题。

7.1.1 历史文化街区对地下空间步行通达性的影响

历史文化街区对地下空间步行通达性的影响可以总结为有利影响和限制作用。

1. 有利影响

历史文化街区具有历史悠久、文化底蕴深厚和文化遗产资源丰富的特性，是人们感受不同地域文化的重要目的地，对本地居民和外地游客产生了巨大的吸引力。

城市一般地区地下空间对人群的吸引主要集中于功能要素层面，而历史街区地下空间集聚功能要素配置与历史文化要素双重作用，对人群具有更强劲的吸引力，在目标空间层面相比于普通地下空间对通达性的要求也更高，历史文化要素也将成为步行通达性提升的重要推动力。

2. 限制作用

由于历史文化街区内拥有众多年代久远的历史建筑，其抗形变能力普遍较差，在对地下空间进行开发建设时，难以避免地会对地面建筑产生直接或间接的影响。同时，街区内遗存的名门古树、古井及地下文化遗产也对地下空间的开发带来较大限制。在工程技术条件不成熟的年代，历史文化遗存对地下空间的相互联系有着较大的限制约束。

同时，历史文化街区地下空间存量类型繁多，既有历史建筑的附属地下室，也有 20 世纪建设的人防工程，还有近年开发的商业综合体地下商城及地下轨道交通空间，其开发建设涉及众多企业和部门，不同权属的地下空间甚至不同批次的开发多各自为政，缺乏有效的统一规划和综合管控，相互之间缺少有效联系，这就阻碍了地下空间的连通。

相比于城市新建地区的地下空间，在对历史文化街区地下空间步行通达性进行优化提升时，文化遗产保护和产权管理等因素的限制将成为步行通达性提升的重要阻力。

7.1.2 历史文化街区地下步行交通的空间要素

地下步行系统空间通常分为交通枢纽型地下步行空间和商业型地下步行空间，由出入口、节点空间、水平步行通道、垂直交通空间及服务设施空间等构成要素组成，如表 7-1 所示。其中出入口[1]、垂直交通空间、水平步行通道和节点空间为承载步行交通的主要空间。

表 7-1 地下步行系统空间构成要素

空间构成元素	空间类型
出入口	—
节点空间	下沉广场、下沉庭院、地下中庭等
水平步行通道	功能性通道、连接通道等
垂直交通空间	坡道、楼梯、自动扶梯、直梯等
服务设施空间	商业空间、地下交通场站等
辅助设施空间	设备用房、管理办公室、卫生间等

来源：作者整理。

1. 出入口

出入口是历史文化街区地下空间内部与外界城市环境相互联系的媒介，也是地下空间所承载的活动流线的起点和终点。出入口将来自四面八方的人流输送到地下空间内部，并将已经结束了地下空间活动的人流输送到外界城市环境中（图 7-1），因此在研究地下空间步行通达性时不能简单孤立地仅从地下空间内部看待出入口，还要从更宏观的城市视角分析其与城市系统的相互作用关系。

1 本书所指的出入口特指人行出入口，不包括地下停车场出入口等车行出入口。

图 7-1　出入口

（来源：作者自摄）

2. 垂直交通空间

垂直交通空间是输送地下空间竖向运动人流不可或缺的部分，也是地上与地下联系的媒介。人流在进入出入口后，通过垂直交通空间到达不同标高的地下层。常用的垂直交通空间有楼梯、升降机、电动扶梯和坡道等（图 7-2）。

3. 水平步行通道

行人在地下空间的活动主要集中在同一标高空间中，水平步行通道是行人活动的重要空间载体。水平步行通道以水平线性为主要特征，是联系地下空间中同一标高不同功能区域的重要纽带。水平步行通道可以分为具有一定功能的步行通道和仅起连接作用的连接通道（图 7-3）。

4. 节点空间

节点空间往往是多功能汇聚的空间，可以作为公共活动、展示或休憩的空间。与水平步行通道的线性特征不同的是，节点以点状为空间特征。节点空间分为立体节点空间和平面节点空间（图 7-4）：平面节点空间包括水平步行通道的转折或交会点、水平步行通道与垂直交通空间的交会点、水平步行通道中局部变化的空间等；立体节点空间一般为多层通高的中庭。节点空间与出入口、垂直交通空间、水平步行通道相互结合，共同构成了历史街区地下空间步行活动的区域。

(a) 电动扶梯

(b) 楼梯

图 7-2　垂直交通空间

（来源：作者自摄）

(a) 商业步行通道

(b) 连接通道

图 7-3　水平步行通道

（来源：作者自摄）

(a) 立体节点空间

(b) 平面节点空间

图 7-4　节点空间

（来源：作者自摄）

7.1.3 基于步行通达性的地下空间优化策略

1. 路径连接优化策略

首先应重视改善历史街巷步行环境，完善地面步行网络。历史街区由于历史积淀，权属复杂，地面步行系统较为割裂，同时历史文化街区停车场地的严重匮乏，降低了地上交通空间的安全性和可达性，也大大降低了地上和地下步行空间的连贯性，造成地下空间各地块相互割裂独立，缺乏空间和功能上的联系。应通过与社区管理机构积极协调等办法，首先梳理地面步行网络，将城市级步行交通网络与社区内部步行系统有效连接，打通管理隔阂下产生的“断头路”，减少不必要的绕行，打造清晰的流线，增加地上地下垂直交通、地下空间出入口、节点空间和服务设施的可达性；在地面步行空间结合历史文化街区特色文化打造活跃点，增加地面步行环境趣味性并为地下路径选择提供依据，提升地下空间活力。考虑历史街巷与周边地块间的步行联系，完善各地块地上-地下空间的步行网络系统。

其次，可以考虑结合历史文化遗产增设公交站点，提升公交系统与地下空间接驳效率。城市公共交通站点的分布不均是造成片区通达性差异的重要因素。位于不同片区的地下空间出入口与公共交通站点的接驳效率，直接影响着地下空间的通达性。历史文化街区作为城市重要的公共空间，应保证不同区域的居民可以便捷地到达。因此要提升地下空间的通达性，吸引更远距离的城市居民，完善城市公共交通网络，提升其与地下空间的接驳效率。

最后是科学评估选线方案，完善地下步行网络。通过对地下各功能空间的重新整合，打破其固有的各自为政的空间连接状况，将各商业、文化、交通等空间有效组合到一起，打破各空间之间的界限，增强地下步行活动的连续度，以提升地下空间安全疏散能力和空间使用效率，步行网络回环构建示意图如图 7-5 所示。

2. 视线连接优化策略

充分利用历史文化元素，创造视觉中心，加强水平方向视线联系。行为的连接建立在视线连通和吸引的基础之上，行人首先通过眼睛捕捉外界空间信息，建立各空间之间的视觉联系，进而指引行动做出行为连接的选择。在历史街区地下空间中可以充分利用历史文化元素，合理设置视觉中心作为寻路过程中的“灯塔”，对行人视线进行引导，明确前进方向。行人首先被视觉中心吸引，继而在视觉中心获取更多的视觉信息。在视觉中心植入文化雕塑或文化景观构筑物作为标志物，以强化视觉中心的引导作用。强化标志物的前提是保持区域整体风格的一致性，否则在杂乱无章的背景中，标志物将失去背景衬托作用，造成空间的无序感。

结合地面文化标志物，打通地上地下视线通廊。历史文化街区地下空间可以通过下沉广场、采光天窗和多层中庭的方式建立地上与地下的视觉联系（图 7-6）。通过下沉广场将地面层景观引入地下一层，进而建立起地上与地下的视觉联系，通过水平方向的视觉引导，将这种视觉联系进一步向地下空间内部扩展延伸。采光天窗和多层中庭构建了地上与地下的视线通廊，提升了地下空间的视觉渗透性，行人可借助地面文化标志物作为地下空间参考定位点。地面上的行人可借助竖向的视线联系感知地下空间的功能和内容，对其吸引力进行评判；同时应提升地下空间的吸引力和步行通达性。

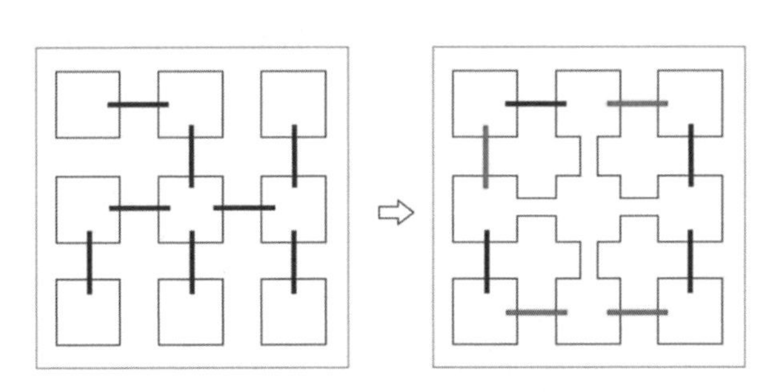

图 7-5　步行网络回环构建示意图

（来源：作者自绘）

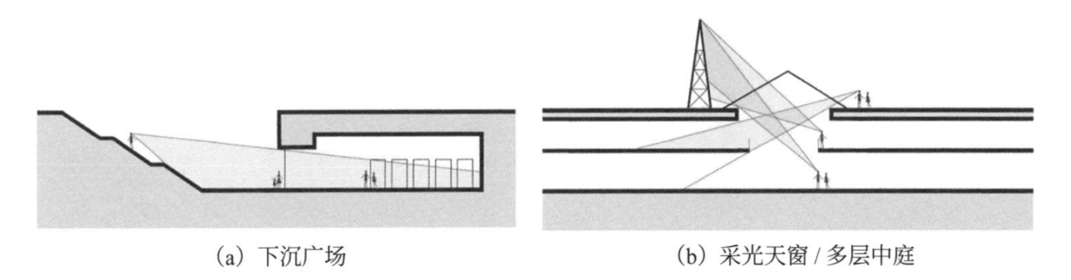

(a) 下沉广场　　(b) 采光天窗 / 多层中庭

图 7-6　地上与地下的视觉联系

（来源：作者自绘）

3. 辅助连接优化策略

一是建立与地面文化标志对应的标识系统。地下空间标识系统应加强与地面文化标识信息的对应。相比于地下空间，行人更加熟悉地面空间环境，尤其对具有特殊性的文化标识印象深刻。在地下空间寻路通行的过程中更加倾向于以地面标识物作为位置的参照，因此在地下空间标识信息中应加入当前位置所对应的地上位置信息（图 7-7）。另外标识设置的位置与目的要恰当和明确（图 7-8），通道交会处通常是行人需要进行路径决策的重要位置，在每个通道交会处的正确选择是提升地下空间通达性的重要保证。最后，标识应当连续设置，行人在到达目的地的过程中需要导向标识的不断指示，不间断的导向标识将大幅提升寻路的连贯性。

二要提升地下空间组织逻辑自明性。首先应明确空间的主次关系，对水平步行通道进行等级划分。明确的等级划分能够使行人尽快建立对空间逻辑的认知，有效减少方向迷失情况的发生。借鉴城市道路等级的划分即主干道、次干道和支路，依据通道宽度将地下空间水平步行通道划分为主街、次街、支街。其次应选择合理的空间组织模式，统一空间连通规律。空间组织模式可以分为环型、放射型、网格型和复合型。空间组织模式优化示意图如图 7-9 所示。

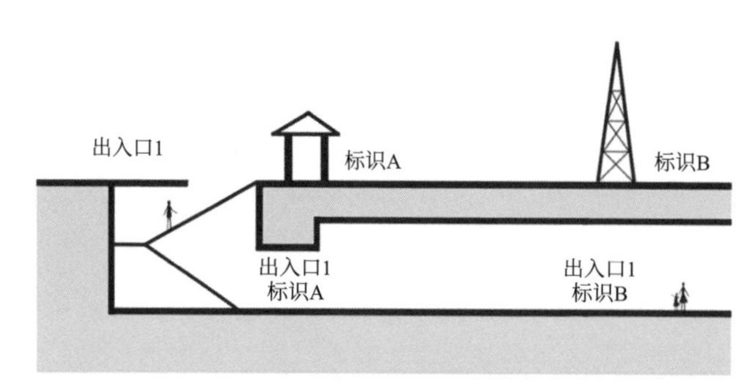

图 7-7　地上地下标识对应

（来源：作者自绘）

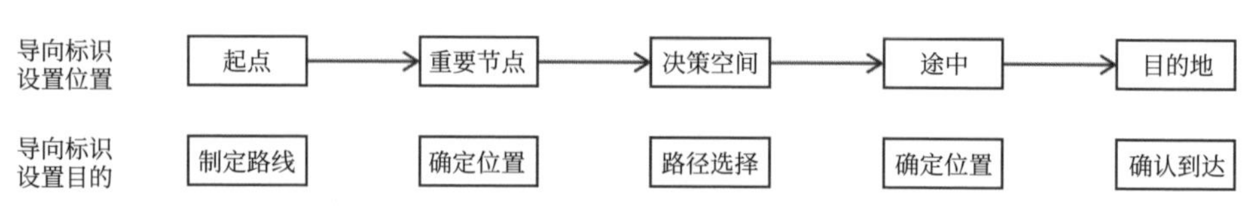

图 7-8　标识设置位置与目的

（来源：作者自绘）

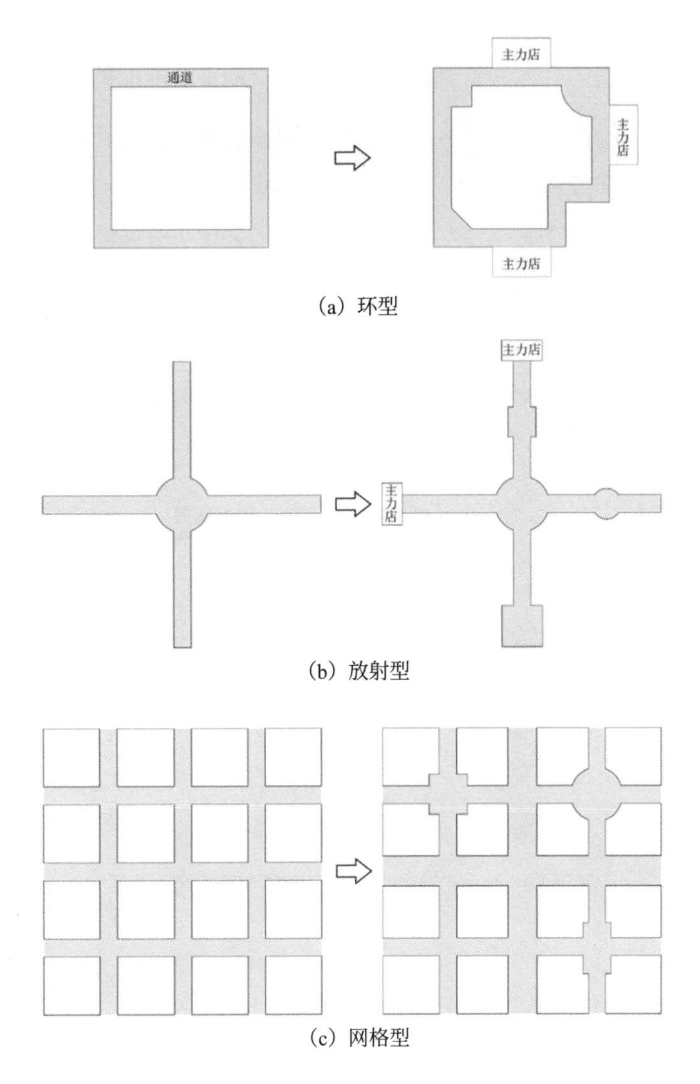

（a）环型

（b）放射型

（c）网格型

图 7-9　空间组织模式优化示意图

（来源：作者自绘）

三是导入文化展示空间，构建富有节奏的空间序列。部分地下商业空间以线性的通道空间为主，空间单调，需要结合地域文化，加入空间尺度变化的节点空间，形成空间序列，强化空间逻辑，丰富空间多样性。根据节点的特性和承接历史文化展示活动的规模，可以分为立体节点（多层中庭）和平面节点、大型节点和小型节点、视觉节点和功能节点等。在组织各层级节点时，通过重复、对比、过渡等设计手法，综合把控空间的韵律与变化，构建具有起、承、转、合节奏变化的空间序列。

4. 地下功能配置优化策略

通过竖向叠加复合和水平连通复合的形式可对地下功能配置进行优化。强化地上地下空间功能的竖向联动关系，考虑地面用地功能与地下功能的匹配程度（图7-10），强调地面功能向地下的延续，尤其是商业功能的地下化延续能够增加街区的吸引力和活力，使地下地上联结成一个整体。加强地下空间功能的水平连通性，完善地下空间功能体系。在地上地下空间功能相互呼应互补的基础上，形成以商业购物为主导，餐饮、娱乐、历史文化展示、办公为一体的功能复合的地下空间体系。在加强地下空间功能联系度的同时，有机增加地下空间的居民活动功能，进一步促进街区的发展。

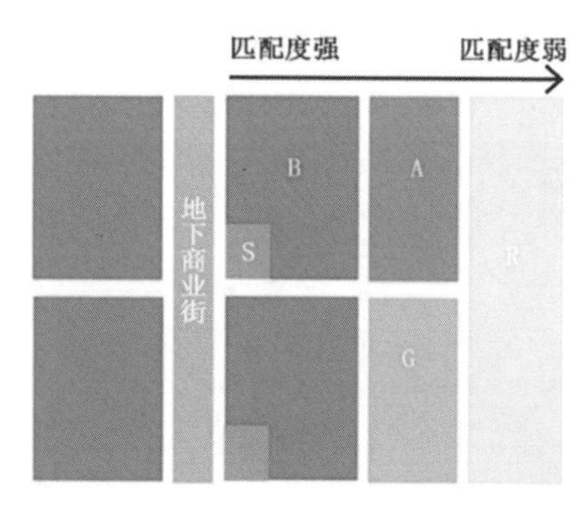

图 7-10　地面用地功能与地下功能的匹配程度示意图

（来源：作者自绘）

7.2　空间的环境品质

历史文化街区地下空间环境的高品质是满足使用者生理、行为、情感、文化归属感等各方面的关键需求，物理环境的舒适性与安全性、行为的便捷性与逻辑性、情感感受的艺术性与文化性是历史街区地下空间环境品质提升的主要内容。并且与当代新建地下空间相比，历史文化建筑地下空间在空气环境、光线视觉、尺度感知等方面在初建时很少经过专业的规划设计，需要进一步改善优化空间品质。

7.2.1　满足生理需求的空间品质提升

1. 提高物理环境的舒适性

物理环境的舒适与否在很大程度上影响着地下空间的人性化程度，在维持使用者生理健康方面起到至关重要的作用。宜人的物理环境设计应将光线、声环境、气味、温湿度等因素统筹纳入进来。

1）引入自然光线，改善人工照明

（1）天窗自然采光

主要措施是在地下空间的天花板增设与地面直接相通的天窗，天窗的设置往往与地面环境结合设计，通常在地面环境为广场、公园等较为开放的空间中或者步行街中结合设置。

①道路下方的采光天窗。

由图 7-11 可知，日本札幌站前通地下步行街的地上道路两侧和中央都有绿化带，在中部或一侧的绿化带上设计有贯通地面的玻璃盒装采光天窗，将外界的自然光引入地下，同时在地下街道向街边两侧扩幅延伸的部分，通过半地下的广场或者露天的天井引入光线。正中央的步行空间宽度为 12 米，通过顶部正对着的中央绿化带引入明亮自然的光线，营造舒适的步行环境。

在等级较低、车行道相对较窄但是人行道相对较宽的道路下方的地下街，可采用在地下空间街边设置采光天窗的方式（图 7-12、图 7-13），此种采光方式的优点是较少地占用地面空间，可结合街边休憩及绿化设施来设置，适用面较广。

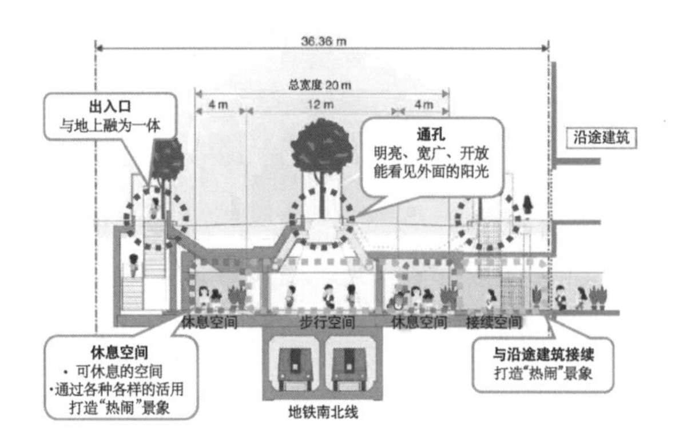

图 7-11 札幌站前地下步行空间断面图

（来源：https://www.city.sapporo.jp/sogokotsu/umall/hirobagaiyou.html）

图 7-12 地下空间街边设置采光天窗意向图 1

（来源：https://ahrdqd.bmlink.com/supply-4143238.html）

图 7-13 地下空间街边设置采光天窗意向图 2

（来源：https://jingyan.baidu.com/article/d5a880ebc8c4dc13f047cc67.htm）

②广场下的采光天窗。

位于广场下方的地下街可结合广场周边环境设置采光天窗（图 7-14）。位于绿地下方的地下街可结合绿化景观设置采光天窗（图 7-15）。

（2）中庭自然采光

地下中庭往往适用于尺度较大的商业空间，至少由两层地下空间竖向叠合形成，设计中可结合植被、水景设置，形成地下的公共空间节点，增加空间的趣味性。因此，在天窗的面状、较大体量的地下空间中，可采取将多层地下空间局部打通的形式，结合绿化设施设置中庭，以实现自然采光（图 7-16）。运用中庭采光不仅可以改善光环境，而且能提升地下空间品质。

图 7-14　结合广场周边环境设置采光天窗意向图 3
（来源：https://www.sohu.com/a/372368245_114798）

图 7-15　结合绿地景观设置采光天窗意向图 4
（来源：https://wx1.sinaimg.cn/mw690/6f93589bgy1gb39a6wyiej213i0m8kgk.jpg）

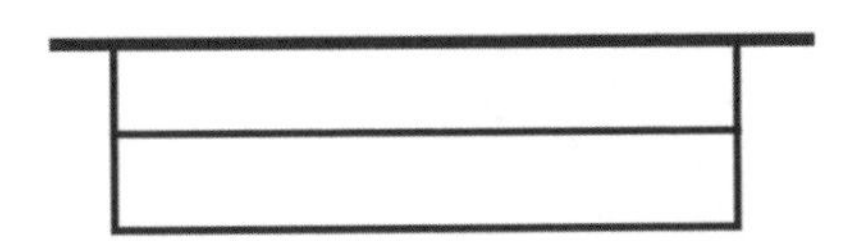

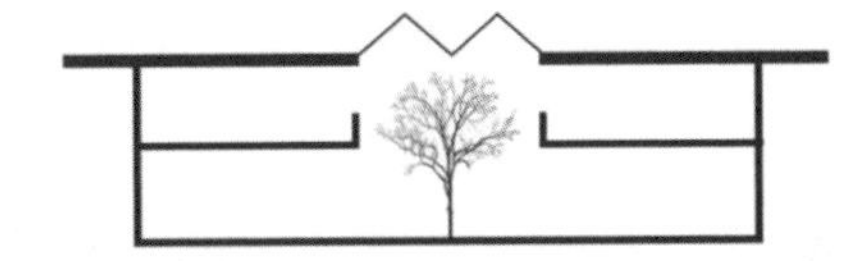

图 7-16　中庭自然采光示意图
（来源：作者自绘）

（3）半地下广场自然采光

半地下广场作为“灰空间”，既有助于弱化地下地上两种空间形式的差异，模糊空间边界感，又能充分为地下空间引入自然光线。日本东京丸之内地区的日本工业俱乐部会馆西侧有一处半地下广场空间（图 7-17），广场空间与建筑地下、道路地下相互连接，由地下广场进入地面的东南方向还有面向东京站的视线通廊，在密集的建筑群中形成错落有致的空间效果。

图 7-17　半地下广场空间
（来源：作者自摄）

（4）优化人工照明

自然光线固然重要，但受地下空间的现状基础所限，很多地下空间无法引入自然光线，光环境仍主要依赖人工照明，所以还要采取措施优化人工照明环境。让人感觉舒适的光线可以使人放松，刺激居民发生消费行为。可以从入口、通道和节点三个方面改善人工照明环境，出入口空间应当营造有吸引力的入口光环境，通道照明应起到良好引导效果，上海五角场地下通道人工照明如图 7-18 所示，好的光线环境在节点空间可促使居民停留，梅田地下商业街节点空间照明如图 7-19 所示。

图 7-18　上海五角场地下通道人工照明
（来源：https://www.sohu.com/a/196497948_632979 ）

图 7-19　梅田地下商业街节点空间照明
（来源：https://www.sohu.com/a/393538969_454750）

2）控制噪声，美化声环境

历史文化街区地下空间对声环境的优化主要体现在控制噪声和改善太过寂静清冷的环境氛围两个方面。地下空间噪声主要来源于地下空间内的机房等辅助设施、地上地下交通环境等。墙体可采用噪声吸附材料，以此减少交通、设备带来的环境噪声。还可以进行动静分区的合理设置，将机房等噪声较大的区域集中放置在较为偏僻的位置，减少对公共空间的影响。另一方面还需要避免过于寂静，以免让人感觉清冷、孤独、恐惧。可以通过播放背景音乐来调节地下空间的环境氛围。同时，可在地下空间的节点处设置水景，通过制造白噪声等声音效果营造较为轻松的环境，还可以通过提高组织日常活动的频率，活跃空间气氛，在提高空间辨识性的同时为居民营造宜人的声环境。

3）加强通风，提高空气质量

部分历史文化街区的地下空间由人防改造而来，由于其建设是为了满足特殊时期的人民防空需求，所以其封闭性较强，空气流通较弱，内部空气质量较差，对人的健康不利。

首先应当采取措施增加自然通风。比如结合天窗、中庭和下沉广场或者增大出入口的尺度来改善通风环境。其次，采取人工方式对地下空间进行换气，在使用中应当根据实际情况调节换气通风系统的通风量和换气频率。此外，针对地下空间过于潮湿的问题也可通过抽湿机及引进自然光线来解决。

2. 加强安全设计

疏散便捷性是安全设计的首要内容。疏散便捷性要求在流线设计的基础上进行加强。首先是保障疏散流线设计的简洁性，平面中应当秉承最短原则规划紧急疏散的路线，最大限度保证各层疏散路线的一致性，以及与日常的流线的一致性。设计中应当避免通道过于曲折，与此同时调整楼梯梯段的高度和宽度，从而在某种程度上减轻行人疲劳，提高楼梯的疏散能力，并增大出入口的尺寸以提高通行能力。其次是设置集散空间，在人流汇集点提供充足的缓冲空间，对餐饮区等容易发生紧急情况的区域进行重点监控。由于地下空间较为密闭，内部空间之间联系密切，一旦发生火灾等紧急情况，火势蔓延很快，所以设置必要的防火分区极为重要。例如，哈尔滨部分地段的防火分区是通过防火墙来设置的，如红博广场与国贸城的连接需要通过松雷广场和地铁1号口，龙防商城与国贸城仅在地下二层通过一个小门相通。这样的布局虽然对防火有利，但不利于疏散。设计时可考虑用防火卷帘门代替防火墙，实现地下商业步行系统的连续性，从而有利于快速疏散。

此外还应注意空间设计中材料、设施的安全性。材料的安全性主要通过使用防滑地板，或者避免使用过多的易燃装饰材料来实现提升。设施安全性提升可以通过设置应急灯、灭火器等安全设施，并通过对电梯、扶梯等交通设施进行定期检修来实现。

7.2.2　满足行为需求的空间品质提升

1. 提高交通组织的可达性

通过提高地下空间的可识别性与完善步行组织系统来完善交通组织的可达性。

1）空间差异化设计，提高可识别性

提高可识别性对地下空间的可达性提升十分关键。可达性的优化，除了提高通道、路径的密度，还可以通过空间差异化设计，尤其结合所在历史文化街区特色的空间设计，与增强空间的可识别性同步实现。可以重点着眼于出入口、节点空间、服务设施及垂直交通的链接强化和空间品质优化。地下出入口空间可以通过增加标识，异化其与周边空间的风格、材质、铺装等，以实现标志性、可达性的提升。其次是地下节点空间，可考虑通过提高节点空间的开敞性来提高可达性。

在地下空间平面设计中应有意识地结合地面街巷的起承转合，力求内部空间连接形式的多样化。

结合历史地区文化要素营造不同主题的特色空间，增加来访者的空间感知度，提高历史街区的可识别性；结合历史地区文化要素或特色形象设置风格统一的服务设施系统，并根据街区流线、地下空间出入口和重要节点位置设置服务设施；结合水池、绿植等设计符合历史街区风貌特色的雕塑、壁画，都可以更好地增加历史文化街区地下空间的可识别性和可达性。

2）连通周边地下空间，完善步行体系

地下空间的连通性在很大程度上决定了交通组织的便捷性。在地下空间形成完整连续的步行体系是至关重要的，应将已建成步行体系周边的公共空间纳入进来，形成更为完整的步行体系。

日本东京站周边地下步行空间形成了步行网络系统（图 7-20），主干是由地下铁路站点、地下道路构成，支路是由主干路向街区地下、广场地下、建筑地下延伸出的许多细小分支构成的，分支中有的是与道路两侧建筑地下连接，有的是在街区地下串联多个建筑，再连接另一条主干，形成树枝状的地下步行网络结构。这种枝状结构还会不断细化，在街区内部穿越建筑地下，形成比地上更加便捷、通达、安全的步行系统。地下的步行空间除了纯步行道路、铁路站点之外，还存在于地下商业街、地下停车场、地下广场、地下市政设施等之中。

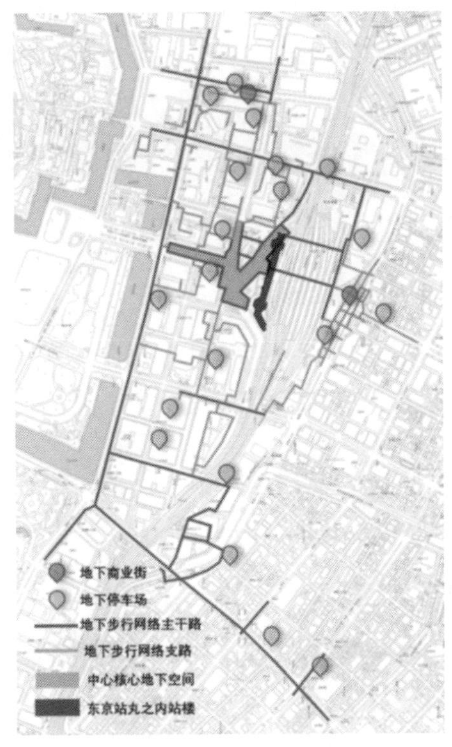

图 7-20　地下步行网络系统
（来源：作者自绘）

2. 功能复合利用，完善设施配置

1）丰富功能与业态

当前历史文化街区地下空间以商业、交通辅助设施为主，在后期的优化中，首先应进行功能的复合利用，除商业功能外，引入文化、休闲娱乐、体育及生活配套设施在地下实现融合发展，改变现在仅以商业和交通为主的功能，促进历史街区更好地承担城市职能，让居民在地下可以一站式得到综合性的体验。各个功能系统不是单独存在的，而是互相密切联系的，地下空间连通示意图如图 7-21 所示。其次应当改变目前以低端零售为主的商业业态，丰富的业态能够增加地下商业空间的吸引力，从而达到增强历史街区活力的目的，地下空间功能复合示意图如图 7-22 所示。

2）进一步完善各类设施

首先应进一步完善服务设施，提升服务的质量。如应提高商场内公共服务设施（包

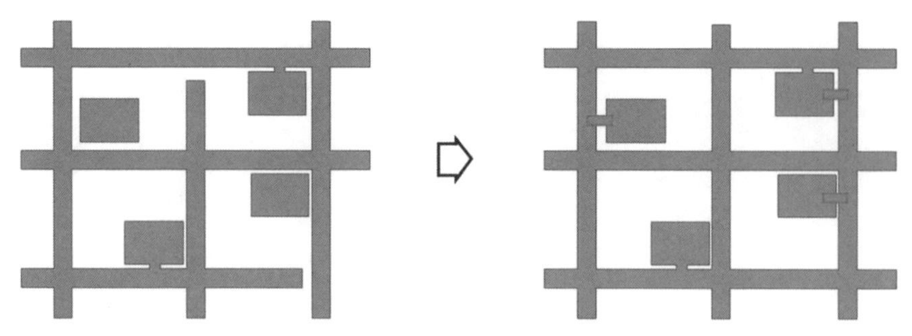

图 7-21　地下空间连通示意图

（来源：作者自绘）

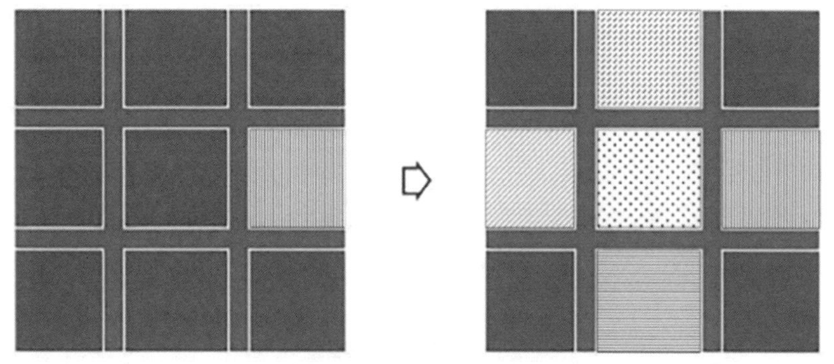

图 7-22　地下空间功能复合示意图

（来源：作者自绘）

括 ATM 机、休憩设施、咨询服务台等）的密度，合理更新休闲小品，提高无线网络的覆盖率，普及共享充电设施地下空间。

同时，还要进一步完善标识系统，在同一片区域内设计成体系的标识，并给予鲜明的色彩，吸引居民的注意，通过色彩和明确的符号实现方向的引导，成体系的标识系统意向图如图 7-23 所示。

在历史文化街区地下空间合理设置无障碍设施也是品质提升的重要体现。一方面随着地下空间逐步复合化利用，各种功能在地下融合，老年人和残障人士也存在对地下空间的使用需求，需要尽快将无障碍设计的缺位补齐，使其与地上空间一致。无障碍设施的设置主要位于出入口、联通通道，以及各类功能节点空间。无障碍出入口和通道主要通过设置电梯、升降台和坡道来实现，与此同时应当配置盲文和扶手。有条件的地下空间内部可以设置盲道，并关注残障人士在地下空间对光线的需求。

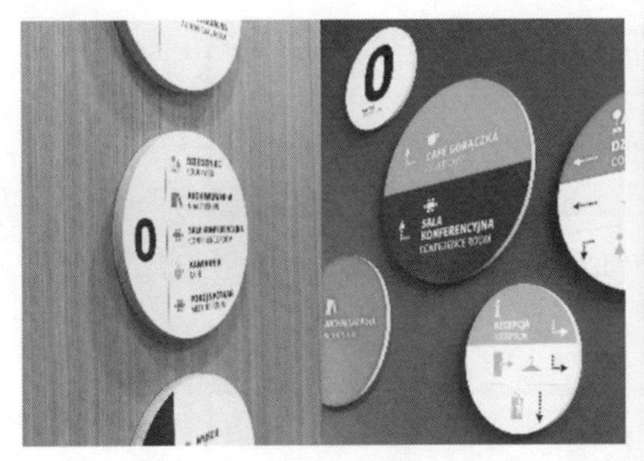

图 7-23　成体系的标识系统意向图

（来源：https://www.sohu.com/a/207675439_760578）

3. 优化空间平面布局与序列

1）简化平面布局，合理规划流线

空间布局的调整主要从合理设置功能分区和优化路径组织两个方面来实现。首先功能分区应当划分明确，避免过于混乱影响居民的认知。在改造中平面应当遵循简化的原则，避免过于烦琐，尽量简洁易懂，富有规律，从而便于人们快速构建对空间整体结构的认知。在功能布局优化的基础上，进行路径的推演和设计，将相似功能组织在同一流线，并辅以不同业态，增加游览的趣味性，在每条路径上都安排便捷的服务设施，包括卫生间、水吧、休憩座椅等。

2）丰富空间序列，开放多元设计

线形街道容易出现空间单调、重复的问题，造成购买者在步行过程中丧失兴趣，甚至迷失方向感，因此空间的序列性变化对丰富空间有着重要作用。地下街的序列有以下类型：单调的空间序列（图 7-24）、重复的空间序列（图 7-25）、富有变化的空间序列（图 7-26）。历史文化街区地下空间的序列性变化可以通过开放性、多元化空间设计来实现。

3）构建宜人的空间尺度

日本札幌站前通地下广场长 520 米，是一个宽 20 ～ 36 米的纯步行空间，没有任何商业店面等设施，是一个完全开放的巨大的地下广场，但丰富的空间设计让整个步行通道并不单调。从图 7-27 上看，整条地下通道的主要功能包括步行通道、道路交叉口地下广场、休憩空间、活动空间、街边沙龙（休息空间）、街边建筑衔接

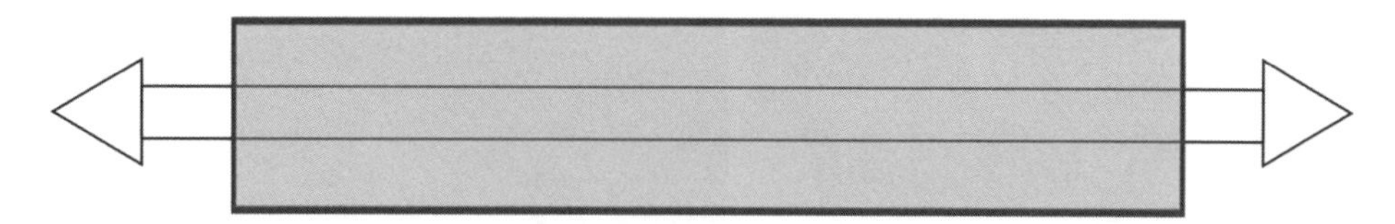

图 7-24　单调的空间序列示意图

（来源：作者自绘）

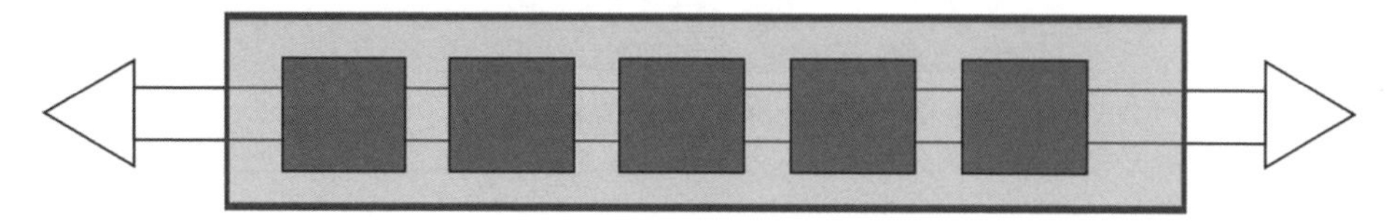

图 7-25　重复的空间序列示意图

（来源：作者自绘）

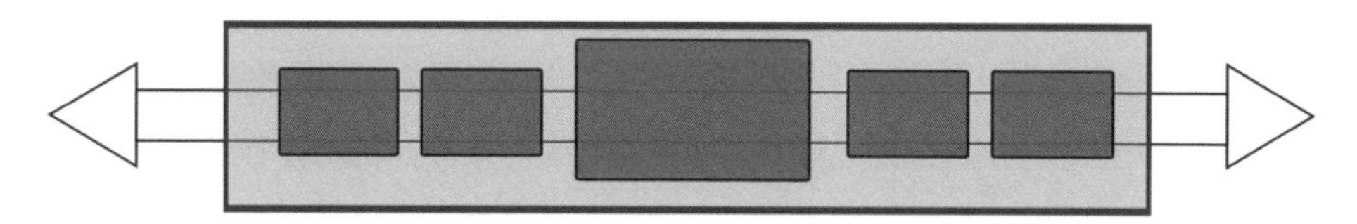

图 7-26　富有变化的空间序列示意图

（来源：作者自绘）

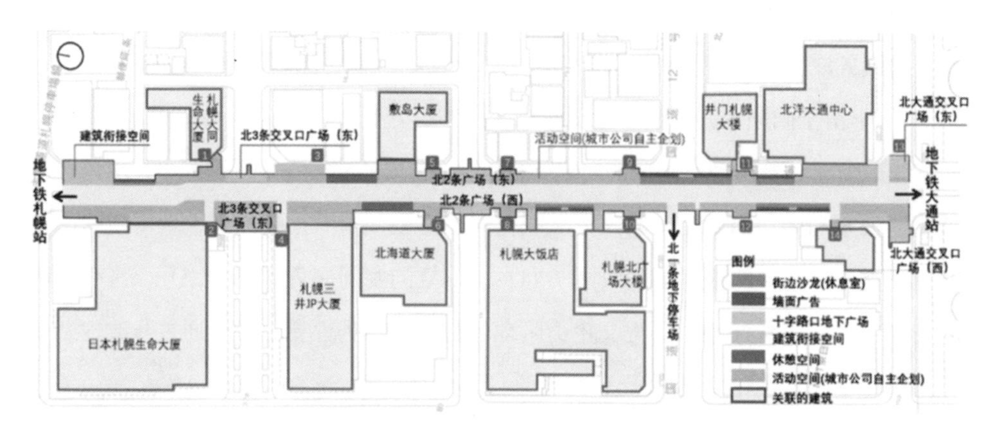

图 7-27　札幌站前通地下步行空间平面图

（来源：作者自绘）

空间、墙面广告等，这些功能都具有灵活的开放性功能，各功能之间也没有明确的界线，视线上也完全开敞。步行空间两侧分布着宽 4 米的休憩空间，完全开放的场所为不同类型文化活动、交流互动提供更多的可能性，它的主要功能就是提供“空间”，具体的用处可以随着时间、人物、空间大小等不断发生变化，从普通的休憩空间，到各种展览、咨询、表演，甚至可以通过固定的渠道申请在某些场所举办团体活动，充满灵活性与创造性，在构成丰富多变的步行环境的同时，也彰显了城市特色和文化凝聚力。

7.2.3 满足情感需求的空间品质提升

1. 艺术性的地下空间环境设计

1）优化出入口形式

创意性的地下空间出入口设计，在不破坏风貌的前提下，可利用开放度较高的历史建筑作为地下空间出入口，并结合地下商业街空间流线合理布置出入口，尽量提高出入口的可识别度。蒙特利尔 McGill 站附近共有 61 处站点出入口，其中有 13 个站点出入口与历史建筑结合设计。上海江湾五角场历史风貌区地下商业街出入口大多与地铁出入口、商业建筑结合设计，建设风格多样，出入标识设计较为突出，识别度较高。此外，出入口过渡处应充分考虑采光和照明，从而提高顾客的舒适感。

要考虑出入口设计与周边环境的协调。历史街区的地下出入口是连接街区地面与地下空间的介质，使人们对地下空间环境有初步了解。出入口设计需要与历史街区风貌协调，采用具有特色的街区文化或建筑风格的过渡，达到为历史街区扩容的效果，避免对街区风貌产生影响。

2）地下空间户外化

地下空间户外化即在地下空间中创造一种在户外的自然氛围，提高空间的生态性。地下空间户外化已然成为一种趋势，主要通过设置玻璃穹顶和天窗弱化地下空间的幽闭感。但更重要的是，要将植被、水等生态元素渗透到地下空间中。植物和水体能够提高地下空间的亲和力，并且能够在不影响空间通透性的前提下实现对空间的限定。

3）**结合色彩设计，为空间植入主题**

地下空间被赋予鲜明的色彩和主题后，能够极大增强其艺术效果，增加空间吸引力和凸显历史文化特色，使居民置身其中身心愉悦。日本等诸多发达国家重视主题与色彩的打造，如大阪 Whity 梅田地下街以白色为主题基调，福冈天神地下街以复古的黑色为基调。同时，还可为地下空间植入丰富的主题。如大阪难波地下街被赋予国际化主题，长堀水晶地下商店街因其顶部大多为透明玻璃而被赋予水晶主题，大阪虹之町地下商业街基于构建的序列性空间层次而被赋予不同的主题。

2. 打造城市文化据点

一座城市会随着历史的演进和经济社会的发展而不断产生变化，但总会有一些相似的成分慢慢积淀下来，形成城市的特色文化。它承载着城市的记忆，代表着城市的特色。历史文化街区的地下空间，应当传承历史文化街区的文化，与街区地面的氛围协调一致，成为展示历史文化特色的“另一个窗口”。同时在设计上应尽可能体现街区与城市的文化特质，展示城市文化。

1）**历史情景的地下重现**

对于历史文化街区的文化延续，可运用吴良镛先生曾提出的“抽象式继承”的概念，即对历史文化街区中最有特色文化代表性的部分进行提取、凝练和抽象，并将其作为母题运用到空间设计中。因此，在历史氛围的营造中，应当对历史文化街区的精神内核进行深入挖掘，并结合设计元素在地上空间呈现。历史情境承载着居民的集体记忆，能够增强居民的文化认同感，以历史文化作为主线，以空间形态进行重现，在唤起居民认同感的同时，也是对本街区的历史文化的展示。

2）**注重历史文化街区地下空间本身的文化塑造，强化地域特色**

地下空间除了要延续地上的历史文化外，也应当注重地下空间本身的文化塑造。例如我国许多地下空间由人防工程改造而来，这本身就是其特色文化，可以保留部分人防空间场景作为历史记忆的保存与再现，带游客了解这段特殊的历史，例如重庆人民防空历史陈列馆就是选用四个防空洞打造而成的，共分空袭历史、人民铸防、防患未然、居安思危四个单元。还有的地下空间结合地下文化层或地下埋藏物，打造展览博物等功能。日本福冈市博多站地下通道内就有一处展览空间，展示了博多站地下遗迹群的发掘过程（图 7-28）。

图 7-28　博多站地下遗迹群的发掘过程展示
（来源：作者自摄）

7.3　历史街区地下空间开发的关键技术

目前地下空间开发的关键技术主要包括岩土工程技术、暖通空调技术、防火疏散技术、人员疏散性能化设计技术、噪声控制与采光照明技术等，另外还有兼顾历史保护目的的特殊技术，其中最核心的是岩土工程技术、防火疏散技术、保护开发技术。

7.3.1　地下空间的开发技术

1. 岩土工程技术

1）暗挖法

新奥法（New Austrian Tunnelling Method）是 20 世纪 60 年代奥地利专家 L. V. Rabcewicz 在总结前人经验的基础上提出来的一套隧道设计、施工新技术。1980 年，奥地利土木工程学会地下空间利用分会把新奥法定义为：“在岩质、土砂质介质中开挖隧道，以使围岩形成一个中空筒状支撑环结构为目的的隧道设计施工方法。”新奥法最核心的问题是利用围岩支护隧道，使围岩本身形成一定的支撑环。

浅埋暗挖法是新奥法以加固、处理软弱地层为前提的技术发展。其可以表述为：

采用足够刚性复合衬砌（由初期支护和二次衬砌及中间防水层组成）为基本支护结构的一种用于软土地层近地表隧道的暗挖施工方法。

管幕工法一般用于都市中为了避免交通中断的情形，如地下过街道、地铁车站与大厦地下室连通通道、交通主干道下给排水管道和共同沟等。地下管道的施工长度不宜过长，一般为 30 ～ 60 米。其优势是可以在不采用气压条件下，使管道穿越饱和的砂土和淤泥质黏土；可以在既有建筑物邻近进行施工。但是，该工法成本较高。

2）盾构法

盾构法是一种全机械化施工方法，是将盾构机械在地中推进，通过盾构外壳和管片支承四周围岩防止发生往隧道内的坍塌，同时在开挖面前方用切削装置进行土体开挖，通过出土机械运出洞外，靠千斤顶在后部加压顶进，并拼装预制混凝土管片，形成隧道结构的一种机械化施工方法。

3）地下顶管法

地下顶管法是在地下水位以下的土层中长距离顶进管道的一种施工方法。它避免了挖槽或在水下开挖土方的麻烦，从而大大加快施工进度与节约造价，是管道穿越江河、通向湖海等无法降水的特殊环境中施工的最佳手段。从 19 世纪顶管法问世以来，因其优越性已被许多国家所广泛采用。当时顶管距离较短时，距离长的管道工程往往被小盾构所取代。近几十年来出现了中继接力技术，形成了长距离顶管法，成为一种顶进长度不受限制的施工方法。目前，在地下水位以上也常常采用该项技术。

4）逆作法

逆作法是以地下结构本身作为挡墙又作支撑体系，从上往下分步依次开挖和构筑地下结构体系的施工方法。

1935 年，在日本东京都千代田区开工的第一生命保险相互会社大厦，其地下施工法可称为逆作法的原型。逆作法经历了几十年的研究和工程实践已得到广泛应用。日本、美国、英国在逆作法设计理论和施工工艺方面研究较多，法国、德国、意大利、加纳等国大量地进行了工程应用。 到 2001 年我国已有 60 多项工程采用了逆作法，20 世纪 90 年代中期，上海市建工研究开发了逆作法信息化施工技术，1997 年逆作法被列入冶金工业部发布的行业标准《建筑基坑工程技术规范》（YB 9258—1997），2002 年逆作法被列入国家标准《建筑地基基础设计规范》（GB 50007—

2002），2002 年徐至钧、赵锡宏编著《逆作法设计与施工》（机械工业出版社）一书。实践证明，利用逆作法施工开挖深度较大的地下空间十分有效。

5）其他施工技术

沉井施工技术是地下工程和深埋基础的一种施工技术方法，它将地面预制好的筒形（圆筒或方筒）结构物下沉到预定的设计标高进行封底，构筑内隔墙、顶板等构件，最终形成地下结构物的基础。

冻结法的实质是利用人工制冷技术，把地层中不稳定的自由水冻结成冰，以改良土的结构，提高土层自身的强度和稳定性。因此，在地下工程施工中，可以利用封闭的冻土帷幕墙来抵挡水、土压力，保证施工的安全。

2. 防火疏散技术

目前，我国与地下空间防火设计有关的规范包括：《建筑设计防火规范》（GB 50016—2014）（2018 年版），简称《建规》；《汽车库、修车库、停车场设计防火规范》（GB 50067—2014）；《人民防空工程设计防火规范》（GB 50098—2009）；《地铁设计规范》（GB 50157—2013）；《公路隧道通风照明设计规范）（JTJ 026.1—1999）。

1）满足防火规范的一般规定

地下商场的营业厅不应设在地下三层及三层以下，且不应经营和储存火灾危险性为甲、乙类储存物品属性的物品。地铁地下车站站厅乘客疏散区、站台及疏散通道内不得设置商业场所。站厅及与地铁相连开发的地下商业等公共场所的防火灾设计，应符合民用建筑设计防火规范的规定。

2）划分防火分区

地下、半地下建筑内的防火分区间应采用防火墙分隔，每个防火分区的面积不应大于 500 平方米。当设置自动灭火系统时，每个防火分区的最大允许建筑面积可增加到 1,000 平方米。局部设置时，增加面积应按该局部面积的一倍计算。电影院、礼堂的观众厅，防火分区允许最大建筑面积不应大于 1,000 平方米。地铁地上车站的车站站台公共区采用机械排烟时防火分区的最大允许建筑面积不应大于 5,000 平方米，其他部位的防火分区的最大允许建筑面积不应大于 2,500 平方米。当设置火灾自动报警系统和自动喷水灭火系统，地下商店建筑装修符合现行国家标准《建筑内部装修设计防火规范》（GB 50222—2017）时，其营业厅每个防火分区的最大允许建筑面积不应大于 2,000 平方米；人防工程内的商业营业厅、展览厅等采用 A 级装修材料装修时，防火分区允许最大建筑面积不应大于 2,000 平方米。

3）设置火灾报警与灭火系统

地下空间火灾自动报警系统的设置部位：建筑面积大于 500 平方米的地下商店、公共娱乐场所和小型体育场所；重要的通信机房和电子计算机机房，柴油发电机房和变配电室，重要的实验室和图书、资料、档案库房等；地铁车站、区间隧道、控制中心楼、车辆段、停车场、主变电所。

自动喷水灭火系统的设置部位：建筑面积大于 500 平方米的地下商店；特等、甲等剧场，超过 1,500 个座位的其他等级剧场和超过 2,000 个座位的会堂或礼堂的舞台栅顶下部；歌舞娱乐放映游艺场所；停车数量超过 10 辆的地下停车场。

4）安全疏散

地下空间的安全疏散应考虑疏散出口的设置。如地下、半地下建筑每个防火分区的安全出口数目不应少于两个。两个或两个以上防火分区相邻布置时，除设一个出口直通室外，利用防火墙上一个通向相邻分区的防火门作为第二安全出口。防火分区面积不超过 50 平方米，且经常停留人数不超过 15 人时可设一个出口。建筑面积不大于 500 平方米、使用人数不超过 30 人且埋深不大于 10 米的地下室、半地下室，当需要设置 2 个安全出口时，其中一个安全出口可利用直通室外的垂直金属梯作为第二安全出口。地下商店等地下建筑根据层数和与室外地坪的高差设置防烟楼梯间。当人防工程设置直通室外的安全出口的数量和位置受条件限制时，可设置有防烟设施、用于人员安全通行至室外出口的疏散通道。

通过人员密度和建筑面积等指标计算地下场所的容纳能力，以保证正常疏散。例如公共娱乐场所的最大容纳人数应按该场所建筑面积乘人员密度指标来计算，不同场所、不同层数的人员密度也有所不同。地铁出口楼梯和疏散通道的宽度，应保证在远期高峰小时客流量时，发生火灾的情况下，6 分钟内将一列车的乘客、站台上候车的乘客及工作人员全部从站台撤离。

地下空间开发技术是地下空间利用的客观制约条件，除了施工安全外，历史文化街区环境、历史保护建筑的安全是地下空间开发利用的首要条件。目前历史文化街区历史保护建筑的利用方式主要包括原位地下空间利用及邻近历史保护建筑地下空间利用（王永立，2008），如上海外滩源 33 号、上海爱马仕项目，运用的技术包括基础托换、逆作法、复杂环境深基坑信息化控制等（马跃强，2014）。

日本在历史地区空间的开发和保护技术方面处于世界前列，开发技术包括实施工法、掘进技术、覆土技术等。较为常用的有传统的开挖隧道与盾构技术，在东京历史河道日本桥川地下高速道路建设中便采用了隧道开挖与盾构技术相结合的方法；URUP 工法是进行地下立交施工的盾构隧道技术，它的特点是建设周期短、震动噪声影响小，对既有结构影响不大（隋涛，2012），在日本首都高速品川线山手隧道建设中有所应用；R-SWING 工法是构建城市立体交叉隧道的盾构技术，即便是浅层开发也可将对周边的影响降到最低，东京日比谷地下铁路联络通道即采用此法；EX-MAC 工法是一种密闭型矩形发掘，是针对地下步行通道类矩形环境空间的特殊工法，银座、上野等地区的周边地下通道采用了此法。利用先进的开发技术可以在有限的土地面积内高效建设更为复杂、一体化的地下空间，极大提高土地利用效率，降低开发成本，平衡历史文化街区的经济发展与文化保护。

7.3.2 地下空间的保护技术

在保护技术方面，日本有着先进的减震加固技术：在历史建筑地下原位建设加固结构体，并在结构体与历史建筑中间增加减震层，利用隔离器、液压缓冲器、弹性橡胶等减震装置，提升抗震级别，保障历史建筑安全稳固，延长其使用寿命。最具有代表性的是 2007—2012 年东京站丸之内站楼地下减震加固工程——面积约 18 万平方米的历史建筑完全采用原位地下建设开发，并以关东大地震的级别考虑建筑百年的稳定与安全，在历史建筑和地下结构之间安装了 352 台隔离器和 158 台液压缓冲器，以形成减震层（日本工程振兴协会，2019），东京站丸之内站楼地下减震装置配置图如图 7-29 所示，使之成为日本当时最大规模的历史建筑减震工程，完美展现了先进的地下空间技术对地面历史建筑维稳的重大意义。

7.3.3 数字化技术在地下空间开发中的运用

地下空间是城市空间的一个重要组成部分，除了不断探索地下空间的建设技术

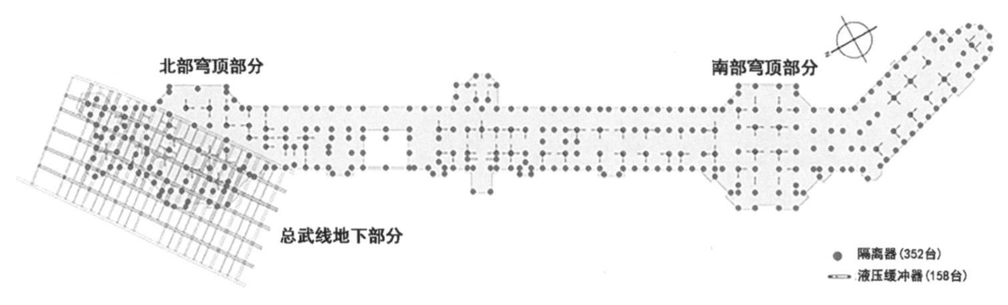

图 7-29　东京站丸之内站楼地下减震装置配置图
（来源：https://www.kajima.co.jp/news/digest/mar_2012/site/index-j.html）

之外，地下空间在“数字城市”和“智能城市”的规划和建设中，也应充分利用了现代信息技术，如互联网和大数据。加强地下空间信息数据库的建设，建立监测地下空间变化和积极更新数据资源的机制，共同建造和交换地下空间信息，消除信息孤岛，促进对城市“生命线”的有效管理，建立地下空间视觉信息平台，实现地下空间透明化。

1. 地下空间设计的数字化

基于 BIM 技术、GIS 技术和视频融合技术实现三维地质信息可视化。使用现代数字技术，可以实现合理的地下工程设计。例如，深圳春风隧道项目建立了一个 BIM 模型，以整合多个基线数据，并精确构建了一个三维地质模型，以提供基坑挖掘和隧道挖掘的视觉信息和早期风险预警，可实现基坑挖掘量计算、土壤挖掘动画录像、3D 交底，其 BIM+GIS 数据模型整合如图 7-30 所示。

2. 地下空间施工的数字化

运用视觉分析和网络的地下工程建设管理系统，可以建立数字化的工程建设模型，并利用智能设备进行数字化建设。通过 360 度的全方位视角，可以避免不良的建筑和再加工的风险，并提高建筑效率。例如，珠江三角洲水资源分配项目通过智能基础设施服务系统对建筑安全进行了智能控制，该系统根据多个来源的地质信息建立了地下护栏的三维地质模型仿真图（图 7-31）。地质统计方法可用于预测断裂区的位置，可以实现工程数据管理、数据可视化、建筑安全管理和控制等功能。

3. 地下空间监测的数字化

激光扫描仪、机器人、光纤、无人机和图像处理等都适用于地下空间监测（图7-32），以便在地下工程自动监测领域收集云数据，可以使数据收集时间缩短，并有效地进行数字监测（马跃强，2014）。对于大规模和复杂的工程项目，数字技术可以实时监测诸多问题，如地面变形和周围岩石变形等，并提供早期预警。例如，在深圳地铁 2 号线的自动监测项目中，采用了三维激光扫描仪监测隧道变形。利用 Leica Scan Station 的三维激光扫描仪收集、处理和分析了隧道自动化监测区域的云数据实时监测并成功预警。

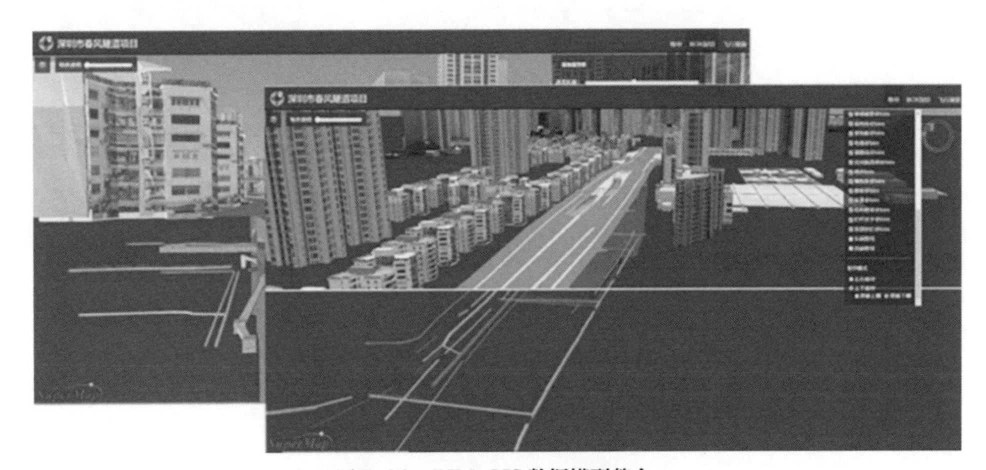

图 7-30　BIM+GIS 数据模型整合

（来源： https://www.meipian.cn/25vznuus）

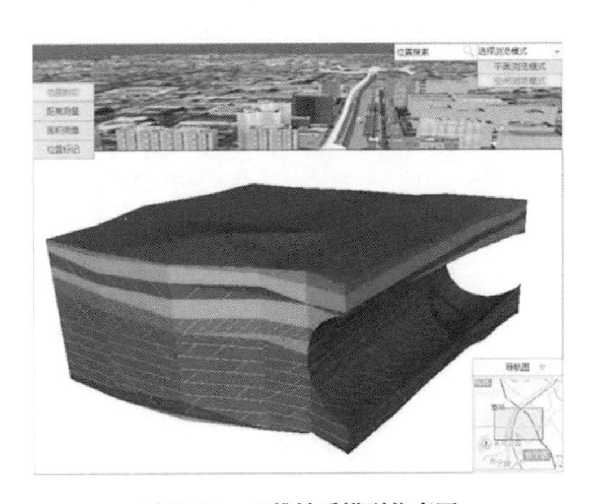

图 7-31　三维地质模型仿真图

（来源： http://www.360doc.com/content/18/0323/16/14719766_739589501.shtml）

(a) 定期监护云图　　(b) 安全监测报警状态

图 7-32　地下空间监测图像

结　　语

历史地区是城市发展沿革与文明变迁的物质空间样本，是现实条件与发展诉求的矛盾集中区域。历史地区的地下空间利用与一般地区的城市地下空间利用不同，它不仅受到各类历史建筑等文化遗产保护要求的限制，而且会因历史地区在城市发展的经济系统、社会系统、空间系统中的重要地位而受到特殊关注。同时，历史地区地下空间是相对一般地区地下空间而言更珍贵的有更高附加值的国土资源，其实施可逆性也更小，如果利用不当，可能会对地上遗存产生各种不良影响。在历史地区地下空间建设的早期，由于城市建设经验不足与技术条件限制，未能具有前瞻性地进行足够的规划预留，后期叠加建设后出现了无序发展的现象。因此，对历史地区地上地下空间整体实施的影响因素与可实施评估方法展开分析，并归纳综合利用模式和综合利用设计要点，这将有助于通过地下空间的实施，更好地实现历史地区保护与发展的平衡。

与一般性城市地区相比，历史地区地下空间的建设在我国并不算普及。这一方面是因为大部分历史城市的经济发展未达到急需通过开发地下空间来补足功能的程度; 另一方面是因为少数历史城市虽开发了地下空间, 但对地下空间的开发强度不高，地下空间功能单一，以地下停车场、地下室空间等为主。这些地下空间建设以满足城市功能需求的被动开发为主, 因地下空间的自身优势而进行的主动开发较少。并且，地下空间开发的技术手段少、开发环境不佳，城市地下空间功能之间的连通性不强，开发建设缺乏统一的整合规划等。除了北京、上海等经济高度发达的城市，大多数城市的地下空间网络还未成型，且功能分散、单一。同时在垂直方向上，对深层地下空间的利用还仅存在于极特殊的功能需求上，如科学实验、工业开采、埋藏物发掘等，在深层地下开发的技术手段和实践经验上尚有不足。其中，历史地区地下空间的建设占比较小，难以与城市整体地下空间利用相融合。

本书在研究国内外历史地区地下空间利用经验的基础之上，从优秀案例与定量分析中总结规律，对不同维度下我国历史地区地上地下空间利用的约束限制条件、可实施性评估方法、综合利用模式及综合利用设计展开讨论。通过对历史地区地下空间的整体利用，可以扩大历史地区的空间容量，提升历史地区的基础设施水平，保护历史地区地上历史文化与环境景观。利用地下空间来弥补、协同地上空间的保护与利用，为历史地区的再生与可持续发展提供了新的途径与思路。

历史地区地下空间整体利用的约束限制条件包括地下空间利用基础性约束限制条件，以及有别于城市其他街区的由地面要素保护要求所带来的约束限制条件。历史地区地面功能演变、街区形态、地下遗存、内部建筑、古树等历史环境要素，以及其空间最初生成的理念指引、过往变迁等，都是地下空间整体利用的约束限制因子。通过整理与分类，提取对历史地区地下空间整体利用模式产生较大影响的要素。结合历史文化街区地下空间可实施性的评估目标，以及系统性、客观性、典型性、可行性等指标选取原则，确定 4 个准则层、15 个指标，构建可实施性评估指标体系：①历史文化街区保护限定，包括历史建筑保护等级、历史建筑密度、历史建筑地下遗存、历史建筑质量等指标；②外部环境条件，包括历史街区的空间区位、城市交通状况、地面建筑层数、地下空间利用现状等指标；③社会经济条件，包括用地类型、基准地价及人口活跃程度等指标；④地质环境条件，包括构造稳定性、工程地质条件、水文地质条件及不良地质状况等。运用层次分析法确定评估指标体系中各个指标的权重，并以天津中心城区五大道等历史文化街区为实证案例，验证了该评估方法具有较好的适用性与科学性，能够为进一步的地上地下空间整体规划利用提供有效支持。由于该评估方法在研判得分时能够依据评估对象的现实情况进行调整，因此在对不同历史地区地下空间保护与利用展开评估时，也能做到因地制宜。

在历史地区地上地下空间整体利用模式方面，根据研究得出的历史地区地下空间整体利用的约束限制，选定了功能维度、形态维度、地下遗存维度、交通维度这四个维度来分析历史地区地下空间整体利用模式：①功能维度分析了地上地下功能耦合方式、地上功能活跃点、地下功能连通性，总结了历史地区地上地下空间功能耦合关系；②形态维度根据不同功能类型历史地区所具有的形态特点，提出对应的地下空间开发形态；③地下遗存维度提出了既有地下普通建构筑物和地下埋藏文物遗存的整体利用模式；④交通维度以轨道交通作为研究主体，主要研究了穿越式、相切式轨道交通与历史地区的整体利用模式，提出了如何避免穿越式轨道交通对地面建筑的负面影响、穿越路径的选择和出入口选择方式，相切式轨道交通站点间的连通，以及站点与历史地区之间的整体利用方式，并提出应当结合轨道交通的建设组织地上地下三维旅游线路。

虽然我国地下空间的建设规模在快速扩大，但是相关法律与规划制度的制定还处于初步探索阶段。历史地区地下空间的建设作为城市地下空间利用的重要组成部分，尚无系统完善的法律规划制度基础，而且仅靠自主开发建设往往缺乏规范性与整体性。因此，应在相关地下空间规划体系和法律法规体系中纳入历史地区的适宜性内容，与其他相关规划（如立体交通系统、地下停车场、地下综合管廊等）和相关法律（如《中华人民共和国消防法》等）结合，以共同形成历史地区地上地下空间开发利用的法规、政策和制度体系。

参考文献

[1]王文卿. 城市地下空间规划与设计[M]. 南京: 东南大学出版社, 2000.

[2]徐雁飞, 王磊. 论文物建筑保护中的“真实性”——读《威尼斯宪章》、《奈良真实性文件》和《北京文件》[J].建筑学报, 2011（S1）: 85-87.

[3]吴建勇.历史街区保护公识性文献综述——发展、困惑与趋势[J]. 中国名城, 2016（5）: 52-57.

[4] LABBE M.巴黎地下空间计划[J]. 北京规划建设, 2004（1）: 22-23.

[5]童林旭. 地下空间与城市现代化发展[M]. 北京: 中国建筑工业出版社, 2005.

[6]朱建明,等. 城市地下空间规划[M]. 北京: 中国水利水电出版社, 2015.

[7]韩晶. 伦敦金丝雀码头城市设计[J]. 世界建筑导报, 2007（2）: 100-105.

[8]谢文卓. 欧洲历史街区地下空间保护与利用研究[D]. 天津: 天津大学,2020.

[9]李地元,莫秋喆. 新加坡城市地下空间开发利用现状及启示[J]. 科技导报,2015, 33（6）: 115-119.

[10]廖钰琪. 日本历史街区地下空间保护与利用研究[D]. 天津: 天津大学, 2019.

[11]巨怡雯. 伦敦地铁站房特色及其对西安地铁建设的启示研究[D]. 西安: 西安建筑科技大学, 2016.

[12]田璐瑶, 宁雅萱, 尹豪. 英国铁路遗产景观发展历程与保护利用策略[J]. 工业建筑, 2021, 51（9）: 222-229.

[13]张天洁, 李泽. 世界性与本土性——新加坡克拉码头的复兴[J]. 新建筑, 2014（3）: 34-39.

[14]GAMAYUNOVA O,GUMEROVA E. Solutions to the urban problems by using of underground space[J]. Procedia Engineering, 2016, 165: 1637-1642.

[15]LIFU K. Primary Investigation in overall developmnet against underground space of Chinese urban core areas [M]. Singapore：Acuus Singapore Scientific Committee, 2012: 38-44.

[16]商谦, 朱文一. 大型地下公共空间与当代北京城[J]. 建筑创作, 2012（7）: 190-195.

[17]商谦. 当代北京旧城地下空间研究[D]. 北京: 清华大学, 2015.
[18]杨婧. 北京老城区地铁站对历史文化街区保护利用的影响研究[D]. 天津: 天津大学, 2020.
[19]吴克捷,赵怡婷. 北京城市地下空间开发利用立法研究[C]//新常态：传承与变革——2015中国城市规划年会论文集（11规划实施与管理）. 中国城市规划学会, 2015: 917-926.
[20]刘艺, 朱良成. 上海市城市地下空间发展现状与展望[J]. 隧道建设（中英文）, 2020, 40（7）: 941-952.
[21]白玉琼.公共空间的历史变迁——以上海“人民广场”的演变为例[J]. 公共艺术, 2014（6）: 5-13.
[22]冷红. 寒地城市环境的宜居性研究[M]. 北京: 中国建筑工业出版社, 2009.
[23]董绍卿,赵鸿钧. 前进中的哈尔滨人防: 1950—1995[M]. 哈尔滨: 黑龙江人民出版社, 1996.
[24]吴昕瑶. 哈尔滨历史街区地下空间人性化设计评价研究[D]. 天津: 天津大学, 2021.
[25]王利颖.空间感知视角下历史街区地下商业街优化策略研究[D]. 天津: 天津大学, 2021.
[26]郭晓君. 历史文化街区地下空间整体利用模式研究[D]. 天津: 天津大学, 2019.
[27]曹亮. 城市地下空间开发的地质环境识别评价与建模研究[D]. 南京: 南京大学, 2012.
[28]黄卫平, 顾明光, 余国春,等. 嘉兴城市地下空间资源开发利用影响因素探讨[J]. 地下空间与工程学报, 2018, 14（S2）: 500-505.
[29] 蔡颖芳, 刘松玉. 城市地下空间的规划分类标准研究[J]. 现代城市研究, 2014: 43-49.
[30]蔡颖芳, 李建国, 姚明盛. 古树名木保护性地下水可控制软墙技术的应用[J]. 上海建设科技, 2014（5）: 33-34.
[31]张吉军. 模糊层次分析法（FAHP）[J]. 模糊系统与数学, 2000, 14（2）: 80-88.
[32]刘家韦华. 近代历史文化街区地下空间可实施存量评估方法——以解放北路历史文化街区为例[D]. 邯郸: 河北工程大学, 2019.

[33]王自力. 基于GIS的历史文化街区地下空间可实施性评估研究——以天津市中心城区为例[D]. 天津: 天津大学, 2019.

[34]邵继中, 李百浩. 古城遗址保护中地下空间利用的案例研究——以台湾新竹“迎曦门”遗址保护为例[J]. 建筑与文化, 2017（6）: 232-233.

[35]CETIN M, DOYDUK S. Fragments of a buried urban past revealed through multi-layered voids hidden below the mosque of St. Daniel: the case of the underground museum in Tarsus[J]. Underground Spaces: Design, Engineering and Environment Aspects, 2008, 102: 129-136.

[36]廖钰琪,许熙巍,汤岳. 日本城市历史地区地下空间的适应性利用与借鉴[J/OL]. 国际城市规划: 1-20[2022-11-26].http://kns.cnki.net/kcms/detail/11.5583.TU.20210928.1606.002. html.

[37]王建光, 武福美, 邱德隆. 我国地下空间施工技术和发展展望[J]. 建筑技术, 2018, 49（6）: 578-580.

[38]陈湘生, 付艳斌, 陈曦,等. 地下空间施工技术进展及数智化技术现状[J]. 中国公路学报, 2022, 35（1）: 1-12.

[39]陈国良, 刘修国, 盛谦,等. 一种基于交叉剖面的地质模型构建方法[J]. 岩土力学, 2011, 32（8）: 2409-2415.

[40]罗万波, 陈小鸿, 谢祖明. 基于Skyline三维实景模型在三维GIS中的应用——以晋江三维实景地理信息系统为例[J]. 测绘与空间地理信息, 2016, 39（7）: 94-96,100.

[41]高明. 基于GIS分析的城市地下空间资源评估技术浅析[J].城市道桥与防洪, 2018（2）: 183-186, 191.

[42]赵慧娟. 城市地下空间开发工程地质条件适宜性综合评价模型研究[D]. 南京: 南京师范大学, 2018.

[43]徐辰. 地下空间开发制度,由“建设”到“开发”[J]. 城市规划, 2014, 38（1）: 79-84.

后　记

本书凝聚了国家自然科学基金“历史文化街区地下空间可实施存量评估与规划控制技术支撑体系研究”项目组全体成员的心血及众多同仁的帮助，除笔者外，郭晓君、廖钰琪、刘家韦华、刘树鹏、王利颖、王自力、吴昕瑶、谢文卓、杨婧、杨紫瑶、张静文、张君宇、张鹏（以姓氏拼音排序）也参与了本书的编写，在此对他们表示由衷的感谢。此外，还要感谢柴梅璇、王敬萱、田汭林、曲珂、高婵羽等同学在写作过程中的辛勤付出。

感谢华中科技大学出版社编辑对本书的支持，他们认真、严谨的工作作风和优秀的工作能力，为本书的顺利出版提供了有力保障。

许熙巍

2023 年 5 月